Marion Knaths
FrauenMACHT!

MARION KNATHS

FRAUEN MACHT!

**DIE BESTEN WEGE,
ZU ÜBERZEUGEN UND
ERFOLGREICH ZU SEIN**

BERLIN VERLAG

Mehr über unsere Autorinnen, Autoren und Bücher:
www.berlinverlag.de

Von Marion Knaths liegen im Piper Verlag vor:
Spiele mit der Macht. Wie Frauen sich durchsetzen (2009)
Vom Krebs gebissen (2006/2021)

Inhalte fremder Webseiten, auf die in diesem Buch
(etwa durch Links) hingewiesen wird, macht sich der Verlag nicht
zu eigen. Eine Haftung dafür übernimmt der Verlag nicht.

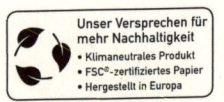

ISBN 978-3-8270-1437-5
© Berlin Verlag in der Piper Verlag GmbH, Berlin/München 2021
Satz: Uhl + Massopust, Aalen
Gesetzt aus der Quadraat
Druck und Bindung: CPI books GmbH, Leck
Printed in the EU

Für Helena
und alle jungen Frauen, die jetzt
mit ihrem Studium oder ihrer Ausbildung
in ihre berufliche Zukunft starten.

Für Miriam
und alle Frauen, die sehr erfolgreich
ihren Weg gehen, auch wenn die Umstände
noch widrig sind.

Die Namen von Personen und Organisationen wurden geändert.

Inhalt

Vorwort	9
Fräulein – junge Frau – Witwe	13
Heldinnen	19
Die wollen gar nicht	29
Nicht die Persönlichkeit, sondern das Verhalten ändern im Hinblick auf ein Ziel	39
Die Spielregeln der Kommunikation in Organisationen	43
Hierarchische und non-hierarchische Kommunikation	43
Eine Besprechung beginnt	48
Unterbrechungen	55
Die lieben Kolleg:innen	59
Wiederholungen	61
Wirkungsvoll und angemessen sprechen	64
Die Mimik	68

Der negative Grenzbereich	72
Angemessen Raum einnehmen	75
Die Streifen auf der Schulterklappe	82
Kleider und Karriere	88
Fleißaufgaben	96
Tue Gutes und rede darüber	101
Kritik	108
Respektvoll – aber klar in der Sache	114
Und ein besonderer Dank geht an: Horst Seehofer!	120
Don't fix the women, fix the system	131
Unterstützen Sie andere Frauen	141
Wir müssen über Geld reden	147
Trauen Sie sich	153
Nachwort	157
Anmerkungen	163
Dank	169
Literatur	171

Vorwort

Wo sind all die Frauen?

Seit 2004 verlassen in Deutschland mehr Frauen als Männer die Universitäten mit einem Erstabschluss. Meist mit besseren Ergebnissen als ihre männlichen Kommilitonen. Seit 17 Jahren also. Wo sind diese Frauen heute? Nach fast zwei Jahrzehnten könnten wir erwarten, dass viele in Top-Positionen anzutreffen wären. Egal ob in der Wirtschaft, der Wissenschaft oder im öffentlichen Dienst. Die Zahlen sprechen aber eine andere Sprache.

Gleichzeitig hören wir in den letzten Jahren verstärkt, nun sei es aber auch mal gut mit der Gleichberechtigung. In internationalen Organisationen reden einige davon, inzwischen »postgender« zu sein. Wirklich?

Dieses Buch richtet sich an jene, die engagiert arbeiten und dafür auch die angemessene Anerkennung erhalten möchten. An die, die für sich entschieden haben, innerhalb bestehender Rahmenbedingungen weiter vorankommen zu wollen. An alle, die durch mehr Einfluss Rahmenbedingungen stärker mitgestalten möchten. Aus den Fehlern und von den Erfolgen anderer zu lernen ist dabei ein kluger Ansatz.

Bevor ich nach einer eigenen Karriere in einem Konzern meine Firma »shebox« gegründet habe, hatte ich vor allem eines gemacht: viele Fehler. Aber ich habe eben auch immer versucht, aus jedem Fehler zu lernen. Sonst wäre ich mit Anfang dreißig nicht die jüngste leitende Angestellte des Konzerns gewesen, und man hätte mich nicht gebeten, mit 34 Vorständin einer amerikanischen Aktiengesellschaft zu werden.

Seit 16 Jahren helfe ich nun Frauen, viele dieser Fehler zu vermeiden. Und da ich das große Privileg genieße, meist mit sehr gut ausgebildeten, intelligenten und erfahrenen Frauen zu arbeiten, lerne ich auch seit 16 Jahren von ebendiesen Frauen. Jede Woche wieder neu.

Die Welt hat sich verändert, seit ich die Karriere in der Konzernwelt an den Nagel gehängt habe. Die Themen im Kern haben es nicht. Natürlich bewegen sich meine Trainingsteilnehmerinnen und Coachees zum Glück nicht mehr in der Welt von vor 16 Jahren. Aber die Herausforderungen sind immer noch groß. Und was alle Frauen in den Trainings auch heute noch immer wieder feststellen: Es sind gar nicht *meine* Themen. *Viele* Frauen haben diese Themen.

Vor 14 Jahren habe ich das Buch Spiele mit der Macht[1] veröffentlicht, in dem ich von meinen Erfahrungen berichtet habe. Seitdem hat sich die Welt weitergedreht, die Gesellschaft sich weiterentwickelt, neue Trends am Arbeitsmarkt sind am Entstehen.

In diesem Buch geht es daher nicht nur um meine Erfahrungen, sondern es geht um die Erfahrungen und das Wissen vieler: Tausender Frauen, die sich in Wirtschaft, Wissenschaft, Medizin, Beratung, Justiz, Gewerkschaften, im öffentlichen Dienst oder wo auch immer beweisen und behaupten müssen. Und ich lade Sie ein, von den Fehlern und den Erfolgen dieser vielen tollen Frauen zu lernen.

Sollten Sie zu den Profis gehören, die schon länger erfolgreich unterwegs sind: Wenn andere einen nach Tipps befragen, ist es manchmal gar nicht so einfach, präzise zu benennen, was den eigenen Erfolg ausmacht und was andere für sich daraus lernen können. Vielleicht finden Sie in diesem Text Anregungen, wie Sie andere Menschen noch konkreter unterstützen können. Denn je mehr hilfreiche Vorbilder es gibt, desto besser.

Fräulein – junge Frau – Witwe

Vorweg ein paar Erlebnisse aus meiner eigenen Geschichte.

Wie sieht es heute eigentlich in den Lehrbüchern aus – immer noch »*der* Geschäftsführer« – »*die* Sekretärin«? Ende der 1980er-Jahre gab es ausschließlich diese Beispiele, und als ich irgendwann entnervt fragte, ob wir nicht auch einmal eine Aufgabe mit einer Geschäftsführerin bearbeiten könnten, galt ich sofort als »Emanze«. Spöttisches Grinsen des Dozenten: »Und jetzt eine Aufgabe für Frau Knaths. Eine Prokuristin...«

Na, immerhin. Verstehen Sie mich nicht falsch: Das Sekretariat ist eine anspruchsvolle Aufgabe, und nicht umsonst ergab eine amerikanische Studie Anfang der 1990er-Jahre, dass der IQ der Chefsekretärinnen offenbar höher war als der der durch sie betreuten Manager. Aber wenn man nicht gerade Chefsekretärin werden möchte, dann bearbeitet man als Frau doch auch gern mal eine Textaufgabe mit einer Geschäftsführerin – wo es doch schon in der Praxis an weiblichen Vorbildern mangelt.

Und auf der praktischen Seite im Unternehmen hagelten von allen Seiten »Fräuleins« auf mich herab. Auch wenn ich es lästig und mühsam fand, jedes Mal die Anrede von »Fräulein Knaths« in »Frau Knaths« zu ändern – zu kapitulieren war ausgeschlossen. Schließlich hatte ich sogar meinen Vater als Personalverantwortlichen in der Schifffahrtsbranche davon überzeugen können, den Ausdruck »Fräulein« abzuschaffen.

Den »Fräuleins« folgte »junge Frau« in Verbindung mit einem zurechtweisenden Blick und einem »Ich will Ihnen mal eines sagen...«, wenn einem älteren männlichen Mitarbeiter in einer Diskussion die Argumente ausgingen. Was soll man als gut erzogene Tochter auch darauf antworten? »Alter Mann« wäre zwar eine passende Erwiderung, wird vom Umfeld aber nicht honoriert – während »junge Frau« eine in Männerkreisen voll akzeptierte Killerphrase ist. Da hilft nur eines: älter werden. Und bis dahin unverdrossen weiterargumentieren.

Mittlerweile trainiere ich mit meinen Seminarteilnehmerinnen übrigens den erfolgreichen Umgang mit Killerphrasen durch die verbale Judotechnik. Diese war mir zum damaligen Zeitpunkt allerdings noch nicht bekannt.

Mein tollstes Erlebnis zum Thema Verteidigung der

männlichen Bastion hatte ich mit einem Einkaufsleiter des Bereichs Elektrogeräte. Obwohl es in diesem Metier nur so vor Machos wimmelte und ich nie zuvor so viele sexistische Sprüche gehört hatte, fand ich das Thema Einkauf Elektrogeräte interessant. Ich war als Volontärin bei den Mikrowellen und Staubsaugern eingesetzt und beschloss, mich beim Bereichsleiter unverbindlich über etwaige Perspektiven für mich im Einkauf Elektrogeräte zu erkundigen.

Ich erfuhr, dass der Einkauf Elektrogeräte aus seiner Sicht nicht für Frauen geeignet sei (jawohl: so rum. Und nicht, dass Frauen nicht dafür geeignet sind!). Als ich wissen wollte, wieso, antwortete er, dass es ja schon damit anfinge, dass ich als Frau keine Mikrowelle tragen könne.

Wow! Was für ein Argument. Dummerweise hatte ich den Waschmaschinen-Einkäufer noch nie mit einer Waschmaschine auf dem Rücken gesehen. Dafür gab es Träger. Als ich den Einkaufsleiter auf diesen Umstand hinwies, begann er mit seinem Stift zu spielen. Und hatte dann den rettenden Einfall: »Wissen Sie, es ist ja nicht so, dass ich etwas gegen Frauen in meinem Bereich hätte. Aber in unserer Branche werden Frauen von den Lieferanten nicht als Geschäftspartner akzeptiert.«

Da war er: der unbeteiligte schuldige Dritte. Ich hatte bis dahin nicht vermutet, dass Frauen eine solche Bedrohung darstellten, dass ein Lieferant zur Verteidigung der männlichen Rechte auf millionenschwere Aufträge verzichtet. Ich war wirklich beeindruckt.

Ein Jahr später erhielt ich allen Ernstes ein sehr gutes Jobangebot aus diesem Bereich. Aber ich musste nicht eine Sekunde lang nachdenken, um dankend abzulehnen. Ich entschied mich für eine etwas frauenfreundlichere Branche. Schließlich hat man mit der eigentlichen Arbeit schon genug zu tun.

Über Jahre habe ich dann in verschiedensten Führungspositionen gearbeitet, bis der große Moment kam: die Ernennung zur leitenden Angestellten. Mein Vorstand gratulierte und überreichte mir strahlend meinen neuen Vertrag. Und ich verließ strahlend die Vorstandsetage, um den Vertrag in meinem Büro sofort zu lesen.

Es musste sich um eine Verwechslung handeln: Die Versorgungszusage meines Vertrags richtete sich eindeutig an einen Mann. Unter anderem stand dort, dass das Unternehmen eine Witwenrente gewähre für den Fall, dass meine Ehefrau, mit der ich bis zum Zeitpunkt meines Todes verheiratet wäre, mich überlebe. Ich schaute noch mal kurz auf die Überschrift, aber kein Zweifel, da stand mein Name. Und gleichgeschlechtliche Eheschließungen lagen damals noch in weiter Ferne...

Ich griff also zum Telefon, schilderte der Vorstandssekretärin mein Problem und wurde an den Leiter des juristischen Grundsatzreferats verwiesen. Als ich ihn auf die Unstimmigkeit hinwies, erwiderte er vollkommen humorfrei, dass es sich keinesfalls um einen Irrtum handele. Der Text sei juristisch einwandfrei, da er der juristischen Standardform entspräche. Und als Jurist könne man nicht einfach daran herumändern. Ich würde von ihm keinesfalls eine geänderte Versorgungszusage erhalten.

Erde, 21. Jahrhundert. Dieser Jurist leitete das Grundsatzreferat eines Konzerns mit über 40 000 Angestellten, davon über die Hälfte weiblich. Es gab zwar nicht viele weibliche leitende Angestellte, aber ich war keinesfalls die erste. Ich beendete das Telefonat mit dem Wort »Aha« und dem Gedanken: »Das werden wir ja sehen.«

Sofort rief ich den Personalvorstand an, den ich seit Jahren kannte und schätzte und von dem ich mir überhaupt nicht vorstellen konnte, dass er wissentlich seine (sehr kleine) weibliche Führungsriege brüskierte. Und so war es auch: Er versprach sofort, dass ich selbstverständlich einen Vertrag erhielte, der berücksichtige, dass ich eine Frau bin. Bereits einen Tag später lag dieser Vertrag auf meinem Tisch. Und dort stand, juristisch einwandfrei, dass mein Witwer erbt.

Mittlerweile wäre es juristisch natürlich ebenso möglich, dass statt meines Witwers meine Witwe erbt.

Vor einiger Zeit war ich auf einer Weiterbildung zum Thema »Agiles Arbeiten«. Ein modernes Thema. Und wieder hatte ich es in den Unterlagen mit »*dem*

Geschäftsführer« und »*der* Sekretärin« zu tun. Nun ist es ja schön, wenn etwas im Leben Bestand hat. Aber nach all den Jahren hätte ich mich über eine Veränderung der Lehrunterlagen hinsichtlich der Rollenbeispiele doch wirklich gefreut.

Heldinnen

Wie sagte Ruth Bader Ginsburg, Richterin am Supreme Court der USA, feministische Ikone und Vorbild für viele: »Frauen gehören an alle Orte, an denen Entscheidungen getroffen werden.«

Es ist eine großartige Errungenschaft, dass sich junge Frauen heutzutage bis zum Abschluss der Schule oder ihres Studiums gleichberechtigt fühlen – weil sie es bis dahin eben auch sind. In der Generation meiner Großmutter und meiner Mutter konnte davon noch keine Rede sein. Und für meine Generation war zumindest klar, dass wir zwar Abitur machen und studieren können, aber dass es danach alles andere als gleichberechtigt weitergehen wird. Wir waren uns in der Schule auch alle einig, dass es eher ein Schäferhund als eine Frau schaffen könnte, Bundeskanzler zu werden. Ich spreche hier natürlich von der Bundesrepublik vor der Wiedervereinigung.

Funfact: In der »Elefantenrunde« nach der Bundestagswahl 2017 saßen ausschließlich West-Männer – und Ost-Frauen! Zufall?

Unser Alltag ist immer so um uns herum und wir mittendrin, dass wir die dahinterliegenden Strukturen oft gar nicht wahrnehmen. Die Menschen, die heutzutage die verantwortungsvollen Positionen besetzen, sind plus/minus fünfzig oder auch deutlich älter. Sie sind überwiegend männlich und wurden größtenteils in der Bundesrepublik sozialisiert. Und da wir meiner Erfahrung nach genug mit der Bewältigung des Alltags zu tun haben und sich die wenigsten mit den Rahmenbedingungen beschäftigen, die sie einmal geprägt haben, ist ein kurzer Ausflug in die Geschichte vielleicht erhellend, um immer noch bestehende Abwehrtendenzen gegen eine echte Gleichberechtigung besser nachvollziehen zu können.

Eine der größten Heldinnen bezogen auf Gleichberechtigung in Westdeutschland hieß Elisabeth Selbert. Sie war Juristin und SPD-Mitglied. Der Artikel 3, Absatz 2 in unserem Grundgesetz – »Männer und Frauen sind gleichberechtigt« – ist vor allem ihrem Kampf zu verdanken. Der damalige parlamentarische Rat (61 Männer und vier Frauen) hielt zunächst nichts davon. Elisabeth Selbert war die Einzige, die für diesen Satz im Grundgesetz stritt. Sie mobilisierte Frauenverbände, die sich hinter ihrem Anliegen versammelten und gemeinsam so viel Druck erzeugten, dass der Paragraf am Ende aufgenommen wurde.

Davor waren alle anderen Mitglieder des parlamentarischen Rats dafür gewesen, die bisherigen Regelungen des Bürgerlichen Gesetzbuches beizubehalten: Frauen hatten bei der Eheschließung ihren Namen abzugeben, ohne Einwilligung des Ehemanns durften sie weder arbeiten noch Verträge schließen oder ein Konto eröffnen. Der Mann hatte die Entscheidungsmacht in allen familiären Angelegenheiten – im Falle einer Scheidung blieben die Kinder und das Geld bei ihm. Sie hatte die Pflicht, den Haushalt zu führen.

Wenn Sie sich fragen, woher bestimmte patriarchalische Verhaltensweisen auch heute noch stammen: Die Strukturen waren hierzulande lange Zeit auch gesetzlich verankert. Männer hatten einen juristischen Anspruch auf ihre Privilegien!

Anders war das in der DDR. Dort sah die Verfassung ab 1949 vor, dass alle Gesetze, die der Gleichberechtigung von Mann und Frau zuwiderliefen, sowie alle »Gesetze, die Kind und Eltern wegen der außerehelichen Geburt zum Nachteil sind«, aufgehoben wurden.

Die Realität in der Bundesrepublik hätte sich mit dem neuen Grundgesetz, das 1949 in Kraft trat, eigentlich ebenfalls ändern müssen. Eine Übergangsregelung, die ebenfalls auf die Initiative von Elisabeth Selbert zurückging, sah vor, dass bis Ende März 1953 alle dem Gleichheitsprinzip entgegenstehenden Gesetze angepasst sein sollten. Tatsächlich dauerte es jedoch bis 1957, ehe sich der Gesetzgeber zu einer Reform des

Bürgerlichen Gesetzbuches durchringen konnte. Allerdings zeigten die in der Bundesrepublik herrschenden Männer kein Interesse daran, die der Gleichberechtigung entgegenstehenden Gesetze abzuschaffen oder anzupassen.

Für die Durchsetzung dieses Ziels stritt eine weitere Heldin: Dr. Erna Scheffler, die erste und bis zum Ende ihrer Amtszeit einzige Frau am Bundesverfassungsgericht. Es wäre schön, wenn ihr Leben und Wirken verfilmt würden. Für die Gleichstellung der Frauen in der Bundesrepublik ist sie mindestens so wichtig wie Ruth Bader Ginsburg für die der Frauen in den USA.

Erna Scheffler hat wirklich Schlachten geschlagen, damit 1959 zum Beispiel endlich der »Väterliche Stichentscheid« aufgegeben wurde. Bis dahin hätte der Vater beispielsweise seine Schulwahl für ein Kind durchdrücken können, wenn es keine Einigung zwischen den Eltern gab. Bis das Familienrecht umfassend reformiert wurde, schrieb der Westen das Jahr 1977.

Als ich klein war, war oft von den Witwen die Rede, die geradezu aufblühten: »Also, die Frau Müller, seit sie Witwe ist, ist sie nicht wiederzuerkennen! Toll, wie die aussieht. Die ist richtig aufgeblüht, seit der Alte weg ist.«

Erst 1977 wurde das »Zerrüttungsprinzip« für die Ehe eingeführt. Von nun an konnten westdeutsche Frauen sich scheiden lassen, ohne das Sorgerecht für ihre Kinder, den Anspruch auf Unterhalt und Versorgungsausgleich zu verlieren. Davor galt das »Schuldprinzip«: Hatte eine Frau ihren Mann verlassen (weil er sich zum Beispiel als Alkoholiker ihr und den Kindern gegenüber fürchterlich benahm), galt dies nach dem »Schuldprinzip« oft als »böswilliges Verlassen«. Die Frau verlor alles.

Ebenfalls erst seit 1977 benötigten westdeutsche Frauen nicht mehr die Zustimmung ihres Mannes, um bezahlt arbeiten zu können. Und sie waren auch nicht länger gesetzlich verpflichtet, den gemeinsamen Haushalt zu führen. Bei einer Heirat mussten sie nicht mehr zwingend den Namen des Mannes annehmen – es sei denn, das Paar konnte sich nicht auf einen gemeinsamen Namen einigen. Dann galt immer noch der Name des Mannes.

Eine weitere Heldin war Dr. Elisabeth Schwarzhaupt. 1961 wurde sie zur ersten Ministerin unter Konrad Adenauer ernannt. Der Bundeskanzler berief sie allerdings nicht freiwillig. Erst eine Sitzblockade der Frauen im Bundestag vor seinem Büro brachte ihn dazu, seine jahrelange Abwehrhaltung gegenüber Frauen zu überwinden. Wie es heißt, hat er sich bis zuletzt geweigert, Dr. Elisabeth Schwarzhaupt angemessen anzusprechen. Er titulierte sie entweder als »Herr« oder als »Fräulein«.

Heldinnen waren ebenso die »Heinze-Frauen« – Beschäftigte des Foto-Unternehmens Heinze. 1981 erstritten sie in dritter Instanz vor dem Bundesarbeitsgericht in Kassel, dass Frauen für die gleiche Arbeit auch den gleichen Lohn zu erhalten haben. Bis dahin war es üblich, Frauen deutlich schlechter zu bezahlen. Schließlich galt ihr Verdienst lediglich als Zuverdienst. Und unabhängig von Männern sollten sie schon gar nicht sein. Dieses Urteil war wegweisend für die Gleichberechtigung von Frauen und Männern im Berufsleben, und es gab viele Folgeprozesse. Über das Thema gleicher Lohn für gleichwertige Arbeit reden wir heute allerdings immer noch ...

Eine weitere Heldin ist für mich Luise Schöffel. 1967 gründete sie den »Verband lediger Mütter« (später auch Väter, der schließlich zum »Verband alleinerziehender Mütter und Väter e.V. – VAMV« wurde). 1970 bewirkte sie mit Unterstützung von Alice Schwarzer und Helga Stödter, dass alleinerziehenden Frauen das elterliche Sorgerecht für das eigene Kind zugestanden wurde. Bis dahin hatten alle elterlichen Rechte beim Jugendamt gelegen. Allerdings standen Alleinerziehende weiterhin unter der Aufsicht des Jugendamts. Erst seit 1998 (!) haben Alleinerziehende die gleichen Rechte wie Ehepaare. Nach wie vor gilt das aber nicht in steuerlicher Hinsicht und bezüglich anderer finanzieller Zuwendungen.

Wie unglaublich stigmatisiert Alleinerziehende damals waren, durfte ich als junge Volontärin erleben: Einige auserwählte Volontäre und Auszubildende durften an einer Gesprächsrunde mit dem Personalvorstand teilnehmen. Eine Ehre. »Unser« Konzern war einer der größten privaten Arbeitgeber Hamburgs mit 70 Prozent weiblicher Belegschaft. Da Kindergartenplätze damals rar waren, fragte jemand aus der Runde, warum der Konzern keinen eigenen Kindergarten habe. Das wäre doch vor allem für alleinerziehende Angestellte eine große Erleichterung. »Solange ich Personalvorstand bin, unterstützen wir nicht die Aufzucht Asozialer«, war die Antwort. Da weiß man doch zumindest klar, woran man ist.

Wenn ich heute vor jungen Frauen stehe, und es geht um die anstehende Hochzeit, frage ich immer: »Und? Welcher Name wird es?« Und fast immer lautet die Antwort: »Seiner.« – »Warum?« – »Es war ihm wichtiger als mir.«

Noch immer lesen wir Studien, die belegen, dass Frauen erheblich mehr Sorgearbeit in der Familie verrichten als Männer.[2] Und noch immer belegen Studien, dass Frauen teils für gleiche Arbeit nicht den gleichen Lohn erhalten, und schon gar nicht für gleichwertige Arbeit. Und das alles, obwohl wir seit über 15 Jahren eine Kanzlerin an der Spitze dieses Landes haben – die in der Liste der Heldinnen natürlich unbedingt genannt werden muss. Sie hat der ganzen Welt gezeigt, dass eine Frau diesen Job erfolgreich ausüben kann, und sie hat Themen in den Fokus genommen, die unter männlicher Führung noch als »Familiengedöns« abgetan worden waren.

Sagen wir einmal, Sie sind heute 26 Jahre alt, wurden 1995 geboren. Ihre Mutter war bei Ihrer Geburt vielleicht 30 Jahre alt und wurde somit 1965 geboren. Ihre Großmutter war bei der Geburt Ihrer Mutter 25 Jahre alt und wurde 1940 geboren. Wenn wir unterstellen, dass es auch einen Vater, Onkel, Tanten und/oder Freunde der Eltern und Nachbarn gab, dann wurden Sie maßgeblich von Menschen erzogen und geprägt, die in einer für Frauen ziemlich rechtlosen Zeit gelebt haben. Auch Ihre Lehrerinnen und Lehrer waren Kinder dieser Zeit.

Wenn Ihr Vorstandsvorsitzender, Ihr Chefarzt, Ihr Dekan, Ihr Behördenleiter heute 55 Jahre alt ist, dann wurde er (im Westen) von Männern und Frauen sozialisiert, die die ganze juristische Gewalt und Kraft des Patriarchats noch voll gespürt haben. Natürlich fällt es nicht jedem leicht, von Pfründen zu lassen, die einem qua Geburt irgendwie zustehen. Und die alten Gesetze wirken eben bis heute in den Köpfen nach.

Anders lässt sich vermutlich auch nicht erklären, wie Friedrich Merz, Jahrgang 1955, bei seiner Bewerbungsrede für den CDU-Vorsitz im Januar 2021 Folgendes sagen konnte: »Auch diejenigen, die sozial schwach sind, finden gerade bei uns ein Herz und Zuwendung. Lassen Sie mich in diesem Zusammenhang ein Wort zu den Frauen sagen.« Ich habe mich beim Kaffeetrinken sofort verschluckt. Dass der Kandidat Merz von der Jungen Union unterstützt wurde, zeigt, dass die seiner Äußerung zugrunde liegende Haltung keine Frage des

Alters ist. Umgekehrt zeigt Joe Biden gerade, dass auch ein alter Mann moderne Ansichten vertreten kann.

Es ist großartig, dass es heute viele junge Frauen gibt, die mit einem ganz anderen Selbstbewusstsein Missstände ansprechen, offenlegen und ihre Rechte reklamieren – weil sie sich heutzutage auch juristisch wehren können! Die #MeToo-Debatte ist ein gutes Beispiel dafür. Meine Mutter hatte sich von ihrem Chef noch den Hintern tätscheln lassen müssen. Heute muss sich ein Politiker öffentlich entschuldigen, wenn er einen Altherrenwitz zulasten einer Frau gemacht hat. Gut so!

Aber: All diese Rechte fielen nicht einfach so vom Himmel. Das unerwünschte Tätscheln des Hinterns einer Frau ist übrigens erst seit 2017 strafbar. Wir verdanken diese Rechte dem Einsatz couragierter Frauen, die gegen große Widerstände durch die Instanzen hinaufmarschiert sind. Und natürlich wäre es schön, wenn wir bereits am Ziel wären; wenn junge Männer, ohne Probleme zu bekommen, einfach ein Jahr Elternzeit oder mehr beantragen könnten; wenn Männer und Frauen ihren Beruf für ein paar Jahre in Teilzeit ausüben könnten, ohne dass dies das Ende der Karriere bedeutet; wenn Frauen beim Gehalt nicht länger systematisch benachteiligt würden; wenn »Frauenberufe« angemessen vergütet würden; wenn Top-Zirkel nicht länger systematisch Frauen ausschlössen; wenn Frauen in Studien und bei Normen die gleiche Rolle spielten wie Männer; wenn Alleinerziehende dieselbe Unterstützung und denselben Respekt der Gesellschaft erhielten; und, und, und…

Laut der Shell-Jugendstudie 2019[3] möchten 65 Prozent der zwischen 14- und 25-jährigen Frauen später maximal halbtags arbeiten, und 68 Prozent der jungen Männer wünschen sich auch genau dies von einer potenziellen Partnerin. Da stellt sich die Frage, was zuerst da war: das Ei oder die Henne… Vielleicht möchten ja so viele junge Frauen später nur halbtags arbeiten, weil es eben *erwünscht* ist. Und sie zudem mitbekommen, wie mühsam es für Frauen immer noch ist… Aber das ist natürlich nur ein Gedankenspiel.

Noch gibt es jedenfalls viel zu tun. Und bis es so weit ist, unterstütze ich weiterhin Frauen und Organisationen darin, eine stärkere Teilhabe von Frauen zu erreichen, sodass immer mehr Frauen an wichtigen Entscheidungen mitwirken können. Und das gegebenenfalls auch in Teilzeit.

Sollten Sie sich näher dafür interessieren, wie dramatisch sich das Fehlen von Frauen und ihrer Sicht auf unser Leben täglich auswirkt, dann empfehle ich Ihnen das Buch Unsichtbare Frauen. *Wie eine von Daten beherrschte Welt die Hälfte der Bevölkerung ignoriert* von Caroline Criado-Perez.[4]

Die wollen gar nicht

»Frau Knaths, Ich kann Ihnen ein gutes Beispiel nennen: Gerade erst vor zwei Wochen habe ich eine Abteilungsleiterin gefragt, ob sie sich vorstellen kann, den Bereich Vertrieb komplett zu übernehmen. Und was hat sie geantwortet? ›Da muss ich mal drüber nachdenken.‹ Da muss ich mal drüber nachdenken! Na – die habe ich natürlich gleich von der Liste gestrichen. Wenn ich jemandem so eine Chance gebe, dann erwarte ich, dass derjenige mich anstrahlt und sich für das in ihn gesetzte Vertrauen bedankt!«

Dies sagte unlängst ein Geschäftsführer zu mir auf einer privaten Feier. Diese Reaktionen von Männern begegnen mir immer wieder. »Ich trage die doch nicht zum Jagen« ist eine typische Bemerkung in diesem Zusammenhang. Vermutlich ist den wenigsten männlichen Führungskräften bewusst, dass ein Aufstieg für Frauen auch heutzutage noch mit anderen Konsequenzen verbunden ist als bei ihren männlichen Kollegen.

Für einen Mann bringt ein beruflicher Aufstieg eigentlich nur Vorteile. Gut, oft ist der geforderte Arbeitseinsatz zu Beginn in einer neuen Position intensiver und zeitaufwendiger, aber dem gegenüber stehen mehr Gehalt und mehr gesellschaftliche Anerkennung. Und später eine höhere Rente. Zudem gilt in vielen Organisationen immer noch, dass man auf den höheren Ebenen überwiegend unter seinesgleichen ist: unter Männern. Ob ein Mann beim Aufstieg Vater ist, spielt so gut wie nie eine Rolle. Und wenn doch, dann meist eine förderliche – denn in der Regel wird unterstellt, dass sich eine Frau an der Seite des Mannes um das private Umfeld kümmert und so Stabilität schafft.

Auch heutzutage werden Väter so gut wie nie gefragt, wie sich ihr Aufstieg mit ihrer Rolle als Vater vereinbaren lässt. Die Männer, die aus diesem Schema ausbrechen, indem sie beispielsweise ein Jahr Elternzeit für die Betreuung ihres Kindes beantragen, erleben immer noch, dass dies bei Vorgesetzten nicht gut ankommt und sanktioniert wird. Meist mit dem Karriere-Aus. Dies dürfte ein sehr gewichtiger Grund dafür sein, dass sich auch heutzutage noch viele Männer scheuen, diesen Schritt zu gehen, auch wenn sie es sich eigentlich wünschen.[5, 6]

Für Frauen sieht es da ganz anders aus: Auch für sie bringt der Aufstieg mehr Gehalt und später eine höhere Rente, aber der sehr wichtige Aspekt der sozialen Anerkennung ist nicht zwangsläufig damit verbunden. Insbesondere Mütter müssen sich (vor allem in den westlichen Bundesländern) damit herumschlagen, dass ihnen unterstellt wird, eine schlechte Mutter zu sein, wenn sie beruflich erfolgreich sind. Das gilt für die private Umgebung, aber auch für die berufliche. Viele Männer machen am Arbeitsplatz sehr offensive geringschätzige Bemerkungen über Mütter in verantwortungsvollen Positionen. Und jüngere Frauen nehmen dies natürlich wahr. Natürlich ärgern sie sich über solche Bemerkungen, aber die Erfahrung zeigt auch, dass sie sich davon beeindrucken lassen.

Während ein höheres Gehalt für Männer eigentlich immer vorteilhaft ist, kann es Frauen privat vor Herausforderungen stellen. Es gibt immer noch viele Männer, die ein Problem damit haben, wenn ihre Partnerin in der gehaltlichen Entwicklung an ihnen vorbeizieht.[7] Und wenn *er* damit ein Problem hat, hat *sie* auch eins – mit ihm und ihrer Beziehung.

Eine meiner Coachees ist Direktorin in einer angesehenen Organisation in Deutschland. Das ist an sich schon sehr beachtlich, aber in dieser Organisation gibt es noch die Stufe »Top-Management«. Mein Coachee möchte sich mit mir auf das Assessment-Center vorbereiten, das sie durchlaufen muss, um Top-Managerin werden zu können. Kein Selbstgänger – es werden immer wieder auch Kandidaten und Kandidatinnen abgelehnt.

Wir schauen in ihre bisherigen Rückmeldungen,

um zu prüfen, an welchem Punkt wir arbeiten müssen. Am Ende geht es immer irgendwie um das richtige »seniorige« Auftreten, Senior-Top-Managerinnen-mäßig sozusagen. Ich stelle ein paar Fragen, um herauszufinden, woran es haken könnte. Da mich die Antworten eher verwirren als erhellen und ich bei einer so intelligenten, gut ausgebildeten Frau eigentlich mit einem anderen Ergebnis rechnen müsste, stelle ich irgendwann die Frage: »Wollen Sie wirklich Top-Managerin werden?«

Stille. »Seltsam, dass Sie mich das fragen. Nun, es gibt da etwas, aber das gehört eigentlich nicht in ein professionelles Coaching.« Ich warte einfach weiter ab. »Mein Mann unterstützt meine Ambitionen nicht. Ich muss mir schon seit Längerem ständig anhören, dass mein Beruf schuld an all unseren Problemen sei. Und aus seiner Sicht kann es nur noch schlechter werden, wenn ich ins Top-Management wechsele.« – Eine top ausgebildete, sehr intelligente, extrem erfolgreiche Frau sitzt vor mir und weint.

Tja... Ohne Unterstützung geht es nicht. Das ist ein riesiges Hemmnis. Wie soll diese Frau mit breiter Brust und Überzeugungskraft in das Assessment hineingehen?

Wir haben eine Lösung gefunden, und die Frau ist jetzt Vorständin. In ihrer Vorstellung ist sie für ihre Mutter (ein großer Fan und eine Unterstützerin der Karriere ihrer Tochter) und ihre eigene Tochter in das

Assessment gegangen. Und die Ehe bestand zumindest noch, als wir uns ein Jahr später wiedersahen.

Studien belegen, dass die meisten Menschen erheblich bessere Ergebnisse erzielen, wenn sie ein unterstützendes Umfeld haben. Eine der vielleicht weniger aussagekräftigen, dafür aber umso amüsanteren Studien möchte ich kurz erwähnen. Es geht um den Einfluss politischer Heldinnen.

»Für ihre Studie rekrutierten die Forscher insgesamt 149 Schweizer Studenten, davon 81 Frauen, die eine Rede gegen die Anhebung der Studiengebühren halten sollten. Referiert wurde in einem virtuellen Raum vor einem Publikum bestehend aus zwölf Männern und Frauen. An der den Teilnehmern gegenüberliegenden Wand befand sich dabei entweder ein Poster mit einem Porträt von Hillary Clinton, von Angela Merkel oder von Bill Clinton. In einer vierten Gruppe war kein Poster zu sehen.«[8]

Es zeigte sich, dass die weiblichen Teilnehmer signifikant länger sprachen, wenn sie die Porträts von Hillary Clinton oder Angela Merkel sahen – im Vergleich zu den Bedingungen mit keinem Bild oder dem von Bill Clinton. Damit waren ihre Reden im Durchschnitt genauso lang wie die ihrer männlichen Kollegen. Zudem wurden die Vorträge von zwei unabhängigen Beobachtern und auch von den Probandinnen selbst als qualitativ besser eingeschätzt, wenn sie die Bilder ihrer erfolgreichen Geschlechtsgenossinnen sahen.

Bei den männlichen Teilnehmern zeigte sich kein Einfluss der verschiedenen Poster im Hintergrund.

Die Wissenschaftler betonen, dass es bisher viel zu wenig Forschung zum Einfluss weiblicher Rollenmodelle in der Politik gebe. Dabei scheine es so zu sein, dass Frauen in politischen Führungspositionen nicht nur das Ziel einer weiteren Gleichstellung seien, sondern zugleich auch Voraussetzung dafür.

Selbst ein Bild von Hillary Clinton oder Angela Merkel bietet schon Unterstützung! Das hätten vor einigen Jahren wohl die wenigsten vermutet. Menschen brauchen Unterstützung und Ermutigung – und diese fehlt Frauen oftmals nicht nur im beruflichen, sondern auch im privaten Umfeld.

Für kinderlose erfolgreiche Frauen bietet unser Wortschatz den Begriff »Karrierefrau«. Haben Sie sich je gefragt, wieso unsere Sprache keinen »Karrieremann« kennt? Gut, es gibt den »Karrieristen« – Menschen, die für ihren Aufstieg zum extremen Einsatz ihrer Ellenbogen neigen und/oder sehr rückgratlose Anpassungsfähigkeit zeigen. Der Begriff »Karrierefrau« impliziert dies nicht unbedingt. Er impliziert »sexuell frustriert«.

Als ich dies vor männlichen Nachwuchsführungskräften ansprach, rief einer aus: »Aber das stimmt doch auch!« Daraufhin wies ihn sein Sitznachbar darauf hin, dass in seiner Organisation doch alle ranghohen Frauen verheiratet seien und die meisten auch Kinder hätten. »Ach, das sind doch Ausnahmen!«, rief der

Angesprochene. Es fällt uns halt nicht leicht, uns von lieb gewonnenen Stereotypen zu verabschieden.

Das Wort »Karrieremann« existiert nicht, da es für Männer selbstverständlich ist, alles zu vereinbaren – weil sie eben oft eine Partnerin haben, die ihnen einen großen Teil der privat zu leistenden Arbeit abnimmt.[9]

Für Frauen gibt es noch immer keinen gesellschaftlich anerkannten Weg. Die Rolle der Hausfrau gilt vielfach als rückwärtsgewandt und veraltet. Karriere ohne Kinder bedeutet »sexuell frustriert«. Karriere mit Kindern ist geradezu ein Frevel. Es ist zu hoffen, dass die Kanzlerinnenkandidatur der Grünen Annalena Baerbock mit dazu beiträgt, dass »Mutter« und »Karriere« künftig nicht mehr als Widerspruch gedacht werden.

Die meiste Anerkennung erfahren derzeit Mütter in Teilzeit. Allerdings eben nicht finanziell. Und spätestens bei der Rente könnte sich dieses gesellschaftlich so anerkannte und finanziell schlecht ausgestattete Modell für manche böse rächen. Seit Jahren versuche ich meine Mutter zu überreden, für eine höhere Rente zu demonstrieren. Ich würde auch das Plakat malen und sie vor den Reichstag kutschieren. Meine Mutter hat alles getan, was in der Bundesrepublik nach dem Krieg von ihr verlangt wurde: Sie war eine vorbildliche Hausfrau mit Ehemann und zwei Kindern. Als mein Vater starb, erhielt sie Witwenrente: 60 Prozent der gemeinsamen Rente. Wäre meine Mutter als Erste gestorben, hätte mein Vater weiter die vollen Bezüge erhalten. Wieso?

Die Begründung, dass mein Vater es war, der diese Rente erworben hat, und nicht meine Mutter, greift nicht. Denn dann dürfte sie gar nichts erhalten. Es ist offensichtlich gesellschaftlich vorgesehen, dass sie *etwas* bekommt. Aber bitte nicht so viel wie der Partner, mit dem sie als Team gemeinsam ihr Leben lang etwas aufgebaut hat.

Bei einer Diskussionsrunde sprach ich den damaligen Hamburger Senator Dietrich Wersich auf das Thema an: warum nicht einfach beide nur einen Teil der Rente erhalten sollten, zum Beispiel 80 Prozent, wenn ein Partner stirbt. Das sei doch gerechter, da es sich ja um eine gemeinsame Lebensleistung handele. Senator Wersich lehnte sich entspannt zurück und sprach: »Also, an das Thema geht keiner ran.«

Und da die Generation meiner Mutter nicht für eine bessere Rente demonstrieren möchte, tut sich halt erst einmal nichts. Aber ich bin zuversichtlich, dass sich unter den heutigen Teilzeitmüttern auch viele Juristinnen befinden. Und vielleicht werden unter ihnen ja einige aktiv, bevor viele Frauen in die künftige Rentenfalle hineinlaufen.

Fest steht: Noch kann man es als Frau eigentlich nur falsch machen. Und wenn die Rahmenbedingungen so sind, dann denke ich mir doch: Wenn ich es eh nicht richtig machen kann, dann mache ich einfach das, was *ich* für richtig halte. Aber ich stelle immer wieder fest, dass sich zu viele junge Frauen von dem Frauenbashing in Organisationen wirklich beeindrucken und abschrecken lassen.

Ein Klassiker: Ich trainiere in einem Konzern weibliche sogenannte Potenzialträgerinnen, die bereits in Führungsverantwortung sind. In dem Konzern gibt es eine einzige Frau im erweiterten Top-Management. Und irgendwann kommt immer der Satz: »Also, wenn ich so werden muss wie *die*, dann will ich gar nicht Karriere machen.«

Wow. Hier haben die negativen Bemerkungen über diese erfolgreiche Frau offensichtlich gefruchtet. Wenn ich frage, ob sie schon einmal mit ihr gearbeitet hätten, dann verneinen die jungen Frauen dies in aller Regel. Ich teile dann den Gedanken, dass ich erst einmal sehr großen Respekt davor habe, dass diese Frau es als Einzige im Konzern so weit geschafft hat – und es mich persönlich interessieren würde, was ich von ihr lernen kann.

Dann frage ich die jungen Frauen, ob ihnen denn alle Männer auf der Ebene sympathisch seien. Die Antwort lautet selbstverständlich »Nein«. Aber da es bei den Männern mehr Auswahl gibt, gibt es eben auch den einen oder anderen, den man ganz gut finden kann. Wenn es nur eine einzige Frau gibt, dann fällt diese Auswahl weg. Und wenn ich dann noch einmal frage, wie die negative Einschätzung zustande kommt, dann heißt es meist: »Na ja, was man so hört…« Ich erzähle dann manchmal eine Geschichte aus meiner eigenen Karriere:

Im Rahmen eines Vorstandsprojekts mussten mehrere Bereichsleiter gemeinsam in Projektgruppen arbeiten. Nach dem Ende einer Gruppenarbeit blieb einer von ihnen noch ein bisschen sitzen und sagte dann: »Also, ich bin ehrlich überrascht. Du bist ja ein total netter Typ! Mit dir kann man ja richtig gut zusammenarbeiten!« – »Und wieso überrascht dich das so?«, fragte ich. »Na ja, du hast einen Ruf wie ein Donnerhall. Alle haben mich immer vor dir gewarnt, die Knaths hat Borsten auf den Zähnen.« – »Da siehst du, dass man nicht alles einfach so glauben sollte, was erzählt wird.«

Frauenbashing existiert auch heute noch. Als Frau braucht es neben fachlicher Exzellenz auch ein dickes Fell und Humor, wenn man beruflich in einem männlich dominierten Umfeld unterwegs ist. Und es ist einer der vielen Gründe, warum ein weiterer Aufstieg für Frauen manchmal nicht erstrebenswert ist.

Daher an alle Geschäftsführer und alle anderen Führungskräfte: Sollte Ihnen eine Frau auf Ihr Angebot einer Beförderung entgegnen, dass sie erst einmal darüber nachdenken müsse, dann lassen Sie sie nachdenken. Schreiben Sie sie nicht gleich ab. Führen Sie lieber noch einmal ein Gespräch und sagen Sie ihr, warum Sie sie in dieser Rolle sehen. Wenn diese Frau dann »Ja« sagt, haben Sie mit hoher Wahrscheinlichkeit eine sehr gute und motivierte Kraft auf dieser Position.

Nicht die Persönlichkeit, sondern das Verhalten ändern im Hinblick auf ein Ziel

Egal was Sie auf den nächsten Seiten lesen werden, es wird nie darum gehen, Ihre Persönlichkeit zu verändern. Das ist auch so gut wie unmöglich. Warum sollten wir das auch anstreben? Wir sind okay, wie wir sind – mit unseren Stärken, unseren Schwächen, unserer Art des Humors und allen anderen Charaktereigenschaften. Und es gilt: Authentizität ist das A und O im Umgang mit anderen Menschen, auch im professionellen Kontext. Aber: Authentisch ist nicht gleichbedeutend mit dilettantisch. Sich professionell zu verhalten bedeutet zu wissen, welche Verhaltensanforderungen an eine bestimmte Rolle oder Position gestellt werden und damit verbunden sind. Wenn ich von zu Hause aus programmiere, dann ist es egal, ob ich meine Fingernägel gereinigt habe. Wenn ich am Schalter Kund:innen bediene, dann nicht. Von einer Wahlkämpferin wird ein anderes Verhalten erwartet als anschließend von der Regentin.

Zudem ist es wichtig zu verstehen, welche Verhaltensweisen hilfreich sind im Hinblick auf das Erreichen bestimmter Ziele. Einzelne Verhaltensweisen lassen sich verändern. Ein Beispiel: Angela Merkel ist mit Sicherheit ein äußerst uneitler Mensch. Wenn man sich Bilder von ihr als Ministerin anschaut, wird das deutlich. Aus ihrer Sicht gab es offenbar erheblich relevantere Themen als ihr äußeres Erscheinungsbild. Aber Dr. Angela Merkel hatte ein Ziel: Sie wollte Bundeskanzlerin werden. Und offensichtlich hat sie zu einem Zeitpunkt x verstanden, dass ihr äußeres Erscheinungsbild ungünstig war im Hinblick auf dieses Ziel.

Daraufhin änderte sie ein einzelnes Verhalten: Morgens gab es zuerst ein Make-up, die Haare wurden in einer bestimmten Weise (dem amerikanischen Powerbob) frisiert und fixiert, sie wählte eine professionelle Businessgarderobe und war startklar. Sie gewann die Wahl und wurde Kanzlerin. Über all die Jahre wird sie ein uneitler Mensch geblieben sein und ist es immer noch. Das heißt, die Persönlichkeit hat sich nicht verändert. Aber sie änderte ein einzelnes Verhalten im Hinblick auf ihr Ziel.

Und nur darum geht es. Dazu möchte ich Sie einladen: zu überprüfen, ob Ihr jetziges Verhalten immer den Anforderungen an Ihre Rolle entspricht und ob es günstig ist im Hinblick auf Ihre persönlichen professionellen Ziele.

Und wenn Sie feststellen, dass es nicht so ist, zu überlegen, ob in bestimmten Situationen ein anderes Verhalten günstiger sein könnte. Immer bezogen auf Ihre ganz eigene Persönlichkeit.

Die Spielregeln der Kommunikation in Organisationen

»Lieber hinterher entschuldigen als vorher um Erlaubnis bitten.«
Grace Hopper

Hierarchische und non-hierarchische Kommunikation

Natürlich gibt es viele Gründe, warum die »gläserne Decke« auch heute noch ihre Wirkung zeigt. Wir haben es immer noch mit einer real existierenden Geschlechterhierarchie zu tun. Darauf basierend, erschweren (oft unbewusste) stereotype Vorurteile die gerechte Leistungsbewertung, auch beim Gehalt. Und das vor allem in den alten Bundesländern noch stark tradierte Rollenbild tut sein Übriges. Aktuelle Statistiken belegen dies sehr eindrücklich.[10]

Aber es gibt ein weiteres großes Feld, das vielen Frauen den Aufstieg erschwert: die Kommunikation. Irgendwann ist mir klar geworden, dass wir es oft an einem Ort zur gleichen Zeit mit zwei komplett unterschiedlichen Kommunikationssystemen zu tun haben: einem hierarchischen und einem non-hierarchischen.

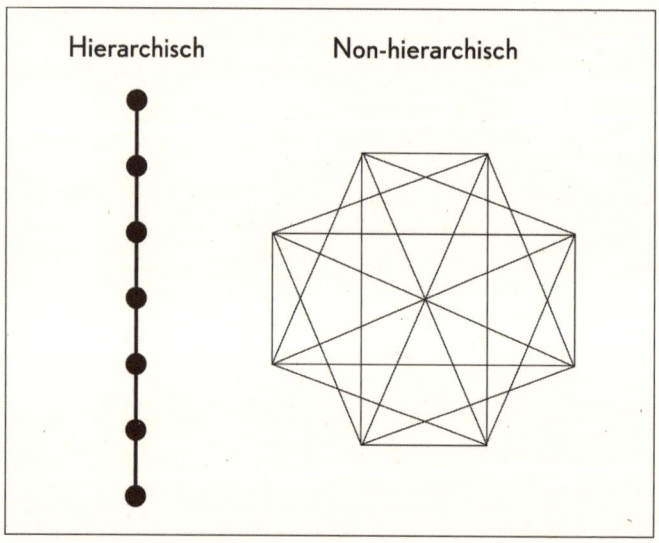

Reine Männergruppen und reine Frauengruppen – ich spreche ausdrücklich nicht von der einzelnen Persönlichkeit – lassen sich diesen beiden Systemen zuordnen. Männergruppen, vor allem in Organisationen, haben tendenziell hierarchische Kommunikationsstrukturen, Frauengruppen eher non-hierarchische. Als mir dies klar wurde, wusste ich noch nichts über wissenschaftliche Forschungen zu diesem Gebiet, aber es gibt sie.[11]

Uneinigkeit herrscht darüber, ob es sich hauptursächlich um biologische oder soziologische Ursachen handelt. Mir ist das, ehrlich gesagt, ziemlich egal. Als intelligenter Mensch kann ich ja lernen, in jedem System, dessen Regeln ich verstehe, erfolgreich zu agieren.

Welche Rolle und welche Position habe ich in dem Spiel, in dem ich mitspiele? Welches Verhalten ist günstig im Hinblick auf meine Ziele?

Entscheidend ist, wie gesagt, die Regeln zu verstehen.

Im hierarchischen System werden große Anteile der Kommunikation dafür eingesetzt, sich nach unten abzugrenzen, während man nach oben hin eher Nähe sucht.

Simples Beispiel: der Stehempfang. Sie stehen mit Kolleginnen und Kollegen an einem dieser höheren Tischchen, es gibt leckere Kaltgetränke, man unterhält sich, alles ist entspannt. Und von einem Moment auf den anderen ist Bewegung im Raum: Einige Kollegen stürzen regelrecht in eine Richtung. Dann können Sie sicher sein, dass ein wichtiger Professor, die CEO oder Oberbürgermeisterin – also eine ranghohe Person – soeben den Raum betreten hat. Und entweder Sie stürzen jetzt gemeinsam mit den Kollegen in diese Richtung, oder Sie treten einen Schritt zurück – sonst ist das Kaltgetränk weg. Ich wurde einmal regelrecht umgerannt.

Nach unten wird Kommunikation eingesetzt, um

sich abzugrenzen. Wie dies im Einzelnen geschieht, werde ich noch ausführlich erläutern.

Im non-hierarchischen System hingegen werden große Anteile der Kommunikation eingesetzt, um Verbindung herzustellen und zu halten.

Das klingt erst einmal trivial. Das eine System können Sie sich eher vertikal, das andere eher horizontal vorstellen. Und wenn diese beiden Systeme aufeinandertreffen, gibt es keine große Schnittmenge, sondern viele blinde Flecken.

Werfen wir einen kurzen Blick auf das non-hierarchische System: Es ist ein System für kleine Gruppen, für Kleinstgruppen. Agiles Arbeiten! Viele sahen und sehen sich in den letzten Jahren mit dieser Anforderung konfrontiert – und ich bin sicher, manch eine von Ihnen hat bei dem Begriff sofort mit den Augen gerollt. Zum einen gilt: Die meisten Teams nennen sich nur agil, aber sie arbeiten nicht agil. Jedenfalls nicht im Sinne des »agilen Arbeitens«. Und wenn wir tatsächlich über »agile Teams« sprechen, lässt sich feststellen, dass Expert:innen eine maximale Größe von drei, fünf oder sieben Teammitgliedern empfehlen. Neun gelten schon als zu viele. Wir reden also über eine kleine Gruppe, die non-hierarchisch miteinander kommuniziert. Und: Es gibt recht strenge, klare Regeln, wie miteinander gearbeitet und kommuniziert werden soll.

Denn: Im non-hierarchischen System wird meist indirekt miteinander kommuniziert, um etwaige Abgrenzungen zu vermeiden. Im professionellen Kontext ist allerdings Klarheit erwünscht. Daher gibt es hier für agil arbeitende Gruppen klare Kommunikationsregeln. Und ganz entscheidend ist, wo wir diese »agilen Teams« in der Regel finden: auf der unteren Arbeitsebene. Und spätestens, wenn ein tatsächlich agil arbeitendes Team von der Organisation weitere Ressourcen benötigt, hat es mit hierarchischen Strukturen zu tun.

Manche Start-ups starten als agil arbeitendes Gründer:innen-Team. Und dann beginnen sie zu wachsen und stellen schnell fest, dass sich diese Strukturen und die Art des Miteinanders nicht aufrechterhalten lassen.

Im professionellen Kontext, egal ob Universität, Krankenhaus, Unternehmensberatung, Konzern, Sozietät, NGO oder Behörde, agieren wir in aller Regel im hierarchischen Kontext. Das bedeutet nicht, dass die Skills der non-hierarchischen Kommunikation nicht in vielen Situationen hilfreich und zielführend wären. Aber das Umfeld ist ein hierarchisches. Wenn wir kopfschüttelnd an unseren Schreibtisch zurückkehren und denken: »Was war das denn eben?«, und überlegen, was wir aus der Situation für die Zukunft lernen können, finden wir die Antwort oft in den Spielregeln des hierarchischen Systems.

Immer mehr Unternehmen werben mit: »Bei uns gibt es keine Hierarchien.« Ein großes Missverständnis. Gemeint ist: Die Hierarchien sind durchlässig. Auch die Praktikantin darf grundsätzlich unaufgefordert sprechen, wenn die Geschäftsführung mit im Raum ist. Mitgemeint ist zudem: »Wir legen Wert auf ein partizipatives, wertschätzendes Miteinander.« Trotzdem gibt es selbstverständlich Hierarchien. In der einen Organisation sind sie durchlässiger, in der anderen weniger. Da erteilt der Geschäftsführer dem Bereichsleiter das Wort, der daraufhin seiner Abteilungsleiterin das Wort erteilt. Und die Praktikantin wäre in diesem Umfeld niemals zeitgleich anwesend. In einigen Organisationen wird ein sehr wertschätzendes Miteinander gelebt, in anderen herrscht eher Drill, und wer nicht spurt, ist schnell entbehrlich. In einigen Organisationen wird sehr viel Wert auf übergreifende Zusammenarbeit gelegt, in anderen gibt es ein striktes Abgrenzen des Verantwortungsbereichs.

Welche Werte in einem System gelebt werden, wie das Miteinander organisiert und gestaltet wird, hat nichts mit dem hierarchischen System an sich zu tun. Wie dieses System im Einzelnen funktioniert, werde ich in den folgenden Kapiteln anhand vieler Beispiele aus dem Arbeitsalltag erläutern.

Eine Besprechung beginnt

Folgendes Szenario: Die Geschäftsleitung hatte mal wieder eine brillante Idee, und jetzt sollen sich drei Abteilungen treffen, um die Herausforderung abteilungsübergreifend zu lösen: Abteilungen A, B und C, jeweils mit Abteilungsleiter:innen und vier Mitarbeiter:innen. Sie sind eine der wenigen Frauen, es nehmen überwiegend Kollegen an dem Meeting teil. Sie finden das Thema, um das es geht, interessant. Sie haben sich ernsthaft Gedanken gemacht und sind der Auffassung, einen wirklich guten Lösungsansatz gefunden zu haben. Jetzt kommen die fünfzehn Menschen zusammen, und die Besprechung beginnt.

Sie denken sich: Wozu lange Zeit verschwenden? Ich werde gleich zum Start meine Idee äußern und bin mir sicher, dass alle Kollegen sagen werden: »Klasse Vorschlag! Genau so wird es gemacht. Vielen Dank, wir können gleich alle wieder arbeiten gehen.«

Läuft das so? In der Regel nicht. Was passiert üblicherweise? Eine Möglichkeit: Sie sagen etwas – und Ihre Idee wird komplett ignoriert. Als hätte niemand gesprochen. War hier ein Geräusch? Zweite Möglichkeit: Sie sagen etwas – und Ihre Idee wird kritisiert. Plattgemacht. Das kann auch auf freundliche Weise geschehen.

Das sind genau die zwei Möglichkeiten: Ihre Idee wird ignoriert oder kritisiert. Und dies liegt nicht am unfreundlichen Umgang der Kollegen mit der Kollegin, und es liegt schon gar nicht an der Qualität Ihres Vorschlags, denn Ihnen werden Situationen einfallen, in denen am Ende genau das entschieden wurde, was Sie am Anfang vorgeschlagen haben. Nein, es liegt am

Timing. Erst einmal muss eine Gruppe dieser Art die Rangordnung klären, und dazu wird jetzt Kommunikation eingesetzt, um sich nach unten abzugrenzen.

Nehmen wir die erste Möglichkeit: Ihr Beitrag wird komplett ignoriert. Im hierarchischen System müssen Sie sich immer eine Frage beantworten: Wer darf was? Wer darf wen ignorieren? Ranghöher, rangnieder.

Stellen Sie sich vor, wir beide unterhalten uns, Ihre Chefin betritt den Raum, sagt »Guten Morgen«, und Sie ignorieren sie und sprechen weiter freundlich mit mir... Ich hoffe für Sie, dass Sie sich in der Praxis erst einmal Ihrer Chefin zuwenden würden, um zu schauen, ob Sie hilfreich sein können.

Nun aber ein anderes Szenario: Sie kommen in das Büro Ihrer Chefin, sagen »Guten Morgen«, Ihre Chefin spricht gerade mit einem Kollegen, und die beiden sprechen erst einmal weiter miteinander. Das empfinden Sie vielleicht als nicht sehr höflich, aber das Verhalten ist völlig okay. »Ranghöher« darf »rangnieder« ignorieren. Also: Indem Ihre Kollegen Ihren Beitrag ignorieren, setzen sie sich zu Beginn des Meetings in eine höhere Position.

Nehmen wir das zweite Beispiel: Sie sagen etwas, und Ihr Beitrag wird plattgemacht. Wer darf wen plattmachen? Einige werden vielleicht denken: niemand irgendwen. Nun ja, die Praxis sieht oft anders aus. Sie haben eine Präsentation ausgearbeitet, stehen vor den Kolleginnen und Kollegen und präsentieren,

Ihre Chefin sitzt mit im Publikum und hört sich Ihren Vortrag an. Am Abend kommt sie zu Ihrem Schreibtisch und sagt: »Also, die Präsentation heute: enttäuschend. Da müssen Sie dringend noch mal ran.« Das ist natürlich kein besonders motivierender Führungsstil, wäre aber vorstellbar.

Jetzt hält Ihre Chefin eine Präsentation, Sie sitzen mit im Publikum, gehen am Abend zum Schreibtisch Ihrer Chefin und sagen: »Also, die Präsentation heute: enttäuschend. Da müssen Sie dringend noch mal ran.« Sie können das gern einmal ausprobieren, ich kann es Ihnen aber nicht empfehlen.

Also: Indem Ihre Kollegen Ihren Beitrag zu Beginn erst einmal mehr oder weniger rüde kritisieren, setzen sie sich in eine höhere Position. Dieses Verhalten – jemanden zu ignorieren oder zu kritisieren – hätten sie nicht gezeigt, wenn jemand Ranghohes gesprochen hätte.

Sie sollten einen wirklich wichtigen, wertvollen Beitrag aus einer rangniederen Position heraus deshalb nie zu Beginn eines Meetings dieser Art machen. Wenn Sie auf das ganze Geplänkel zu Beginn keine Lust haben, dann nutzen Sie die Startphase anderweitig sinnvoll. Lesen Sie wichtige Unterlagen, planen Sie Ihr Quartal, was auch immer.

Und jetzt stellen wir uns vor: Genau das haben Sie gemacht. Unterlagen gelesen, Quartal geplant, und nach 15 Minuten spüren Sie, dass sich etwas verändert hat. Jetzt wird wirklich über Inhalte gesprochen. Die entscheidende Frage ist: Welche Position in der Gruppe haben Sie jetzt?

Manche werden denken: »Na, gar keine.«

Das ist nicht der Fall. Wenn Sie an der Besprechung teilnehmen, dann haben Sie nach diesen 15 Minuten auch eine Position. Wir können nicht *nicht* mitspielen.

Einige werden jetzt denken: »Mitte.«

Diese Antwort höre ich tatsächlich recht häufig von non-hierarchisch sozialisierten Menschen. Meine Reaktion darauf: Nichts geleistet und »Mitte«? Natürlich nicht. (Es sei denn, man hat eine recht gute Positionierung vorab mit in die Gruppe gebracht.) Wer nichts sagt, befindet sich im Zweifel recht weit unten im Ranking. Aber kein Grund zur Besorgnis: Wenn Sie jetzt mit Ihrer guten Idee Gehör finden möchten, dann richten Sie Ihren Beitrag ganz direkt an die Eins – in aller Regel die ranghöchste Person im Raum. Wenn die Eins Ihnen zuhört, dann hören Ihnen auch alle anderen Personen zu.

Nun werden mit Sicherheit einige von Ihnen nicken. Im Arbeitsalltag lässt sich allerdings auch Folgendes beobachten: Zwei Kolleginnen verlassen eine Besprechung dieser Art, und die eine sagt zur anderen: »Du hast das doch eben mitbekommen: Ich habe es zwei Mal gesagt, und niemand hat reagiert. Zwei Minuten später sagt Lennart exakt dasselbe, und alle sagen ›Klasse, Lennart!‹. Das darf doch nicht wahr sein!«

Wie kommt es dazu? Menschen, die im System der non-hierarchischen Kommunikation sozialisiert sind, neigen dazu, in Meetings in die Runde zu sprechen. Sie adressieren jeden, da ein anderes Verhalten in ihrem System sehr unhöflich wäre. Im hierarchischen System aber ist es unhöflich, nicht die ranghöchste Person zu adressieren. Wenn ich aus einer rangniederen Position heraus in die Runde spreche, und das vielleicht etwas bestimmter mit größerer Geste, kann es sogar passieren, dass dies von Ranghöheren als Affront gewertet wird. Und dann werde ich zu meiner Überraschung sanktioniert und weiß gar nicht, warum.

Bestenfalls ist es einfach ein Geräusch. Kollege Lennart hört mich und findet den Inhalt gut. Zwei Minuten später richtet er diesen Inhalt ganz direkt an die Eins, und die Eins nickt zustimmend. Daraufhin reagieren die Kollegen mit »Klasse, Lennart«. (Das machen die Kollegen tatsächlich nur, wenn die Eins zustimmend nickt. Wenn die Eins ablehnend die Stirn kräuselt, ist Lennart ziemlich einsam am Tisch.) Selbst wenn Lennart so fair spielt und sagt: »Ich möchte Marions Idee gern noch einmal aufgreifen: Was halten Sie davon, wenn wir ...«, wird er bei der Eins und am Tisch punkten, wenn der Eins der Beitrag gefällt.

Richten Sie Ihre Beiträge daher wirklich immer direkt an die Eins. Sollten sich Chefchef und Chef am Tisch befinden, müssen Sie Ihr Licht natürlich etwas aufteilen – überwiegend zum Chefchef sprechen und immer mal wieder den Chef anschauen. Manchmal gibt es wichtige Expertinnen oder Experten zu einem Thema, die auch mit einbezogen werden müssen. Es kommt natürlich immer auf die Situation an.

Ein Verhalten, das wenig hilfreich ist: Ein Kollege »klaut« Ihre Idee, und Ihre Kollegin sagt daraufhin laut: »Na, wie die Laura ja bereits vor fünf Minuten gesagt hat.« Das interessiert im Zweifel wenige. Besser ist: Gehen Sie sofort freundlich, aber bestimmt dazwischen: »Danke, Lennart, dass du den Gedanken noch einmal aufgreifst«, und richten dann Ihre weiteren Ausführungen wieder direkt an die Eins. Dann sind Sie es wieder, die den Punkt macht. Und wenn die Eins zustimmend nickt, klettern Sie im Ranking nach oben.

Sollten Sie über Video oder Telko kommunizieren, dann adressieren Sie die Eins, indem Sie den Namen sagen: »Andrea, was hältst du davon, wenn wir ...« Dann wird sich die Eins ganz direkt angesprochen fühlen und Ihnen bewusst zuhören. Und alle anderen eben auch.

Viele finden Meetings sehr ermüdend und nervtötend. Und einige sind es ja auch. Aber manche Meetings werden gleich viel interessanter, wenn man sich nicht nur auf die Inhalte, sondern auch auf die Rangordnungsspiele konzentriert. Und je ranghöher die Runden besetzt sind, desto spannender ist in der Regel der letztere Aspekt.

Unterbrechungen

Unterbrechungen sind ein Klassiker. Und im hierarchischen System normal. Es gilt wieder: Wer darf was? Wer darf wen unterbrechen? Ranghöher, rangnieder. Die für Meetings spannende Frage ist nun: Wann ist ein günstiger Zeitpunkt, um eine Kollegin oder einen Kollegen zu unterbrechen? Wenn ich sehe, dass die Eins gelangweilt oder genervt ist. Das erkenne ich natürlich nur, wenn ich die Reaktionen der Eins auch immer im Auge behalte. Viele non-hierarchisch sozialisierte Menschen neigen dazu, immer den Menschen anzuschauen, der gerade spricht.

Dazu eine kleine Geschichte: Eine Unternehmensberatung bat mich, doch auch einmal ein »Awareness-Training« für die männlichen Consultants durchzuführen. Ausnahmsweise kam ich dieser Bitte nach. Natürlich waren die inhaltlichen Schwerpunkte andere als bei meinen üblichen Trainings. Am Nachmittag kamen wir zu der Übung »Das Meeting«. Die Eins war ein männlicher Consultant, der den Part der Teamleitung übernahm. Am Tisch sollten zwei Consultants die Rolle eines Beraters und zwei die Rolle einer Beraterin übernehmen. Das Meeting habe ich mit Video aufgezeichnet.

Ein Berater übernahm eine recht dominante Rolle, und: Er schaute nicht ein Mal nach links oder rechts –

er schaute das ganze Meeting über immer direkt seine Eins an. Wenn dieser Berater sprach, dann wandte sich sein Kollege, der eine Beraterin spielte, immer ihm zu, schaute ihn an und nickte leicht mit dem Kopf. Dieses Verhalten nahm der sprechende Kollege allerdings nicht bewusst wahr, da er ja ganz auf seine Eins fokussiert war.

Anschließend sahen wir uns das Video an. Aus dem eher dominanten Kollegen brach es an seinen Kollegen gerichtet heraus: »Was machst du denn da? Wieso guckst du denn mich an und wackelst mit dem Kopf?« Daraufhin der Kollege: »Ich bin doch eine Beraterin! Die machen das so!«

Sie dürfen in hierarchischen Meetings Ihre Eins im Auge behalten. Sie hören ja, was der Kollege, die Kollegin gerade spricht. Und wenn Sie sehen, dass Ihre Eins genervt oder gelangweilt ist, dann dürfen Sie dazwischengehen. Denn wenn Ihr Beitrag aus Sicht der Eins einen Mehrwert darstellt, dann ist dieses Verhalten hilfreich. Sie retten ja durch Ihr Verhalten in gewisser Weise auch den Kollegen oder die Kollegin.

Die eleganteste Art von Unterbrechungen ist die »Stichworttechnik«. Sie wiederholen exakt das Wort, das Ihr Kollege oder Ihre Kollegin soeben benutzt hat, wenden sich sofort Ihrer Eins zu und äußern Ihren Beitrag. Ihr Inhalt muss dabei gar nicht zwingend etwas mit dem des Vorredners oder der Vorrednerin zu tun haben. Das Entscheidende ist, dass durch das

Wiederholen eines Wortes vor allem die Eins nahtlos anknüpfen kann. Aus ihrer Sicht wirkt dies nicht wie eine Unterbrechung oder Störung, sondern: »Da denkt jemand mit, entwickelt Gedanken weiter.«

Die Stichworttechnik ist auch eine gute Möglichkeit, um in Gegenwart Ranghöherer zu Wort zu kommen. Immer wieder erleben Menschen die Situation, dass ihr Chef oder ihre Chefin sie zum Beispiel bei einem wichtigen Kundengespräch dabeihaben will. Dabei kann es vorkommen, dass die Vorgesetzten dann ohne Punkt und Komma reden, um sich danach zu beschweren, dass man sich nicht mehr eingebracht hätte.

Nun sollte ich als Rangniedere aber nicht unterbrechen. Andererseits hat der Chef oder die Chefin ja recht: Wenn ich nur stumm danebensitze, wirke ich wie eine Dekoration. Aber: Wenn ich mit der Stichworttechnik hineingrätsche, dann wirkt es nicht unhöflich, sondern engagiert: »Umsatz (das Wort, das mein Chef/meine Chefin soeben gesagt hat, mit Blick zum Chef/zur Chefin, dann sofortiger Blick zum Kunden), was ich zum Thema Umsatz als Ihre Key-Accounterin gern ergänzen möchte, ist, dass...« Wenn ich auf diese Weise zwei, drei Mal einen Beitrag leiste, dann ist das in der Regel für alle ein Gewinn.

Zurück zum Meeting: Natürlich sollte ich als Nummer acht am Tisch nicht nur die Eins, sondern auch die Zwei und die Drei nicht unterbrechen. Aber die Sieben, die Sechs und die Fünf? Die sind in Reichweite. Und man muss sich ja schließlich hocharbeiten. An dieser Stelle möchte ich darauf hinweisen, dass guter Inhalt bei all diesen Gelegenheiten immer hilfreich ist.

Genauso wichtig, wie Kolleg:innen dosiert auch mal zu unterbrechen, ist es, sich von ihnen nicht unterbrechen zu lassen. Frauen beschweren sich oft, dass Kollegen sie häufig unterbrechen würden. Meine Beobachtung ist, dass Frauen sich meist selbst unterbrechen, da sie höflich auf alles reagieren, was am Tisch passiert.

Folgendes Szenario: Ich spreche mit meiner Eins. Jetzt kommt von der anderen Seite des Tisches ein Geräusch. Ich höre auf zu sprechen und schaue zum Geräusch. Und was macht die Eins? Sie folgt in diesem Moment natürlich meinem Blick und schaut zum Geräusch. Und da Blickkontakt am Tisch entscheidet, hat das Geräusch jetzt freie Bahn. Daher ist die eleganteste und effizienteste Abwehrtechnik: Bleiben Sie mit Ihrem Blick unbedingt bei der Eins, und sprechen Sie einfach weiter. Wenn Sie mit dem Blick bei Ihrer Eins bleiben, dann bleibt die Eins auch bei Ihnen. (Es sei denn, die Eins war vorher schon völlig genervt von dem, was Sie gerade reden. Dann wird sie natürlich dankbar jede Rettung annehmen.) Sollte der Kollege einfach parallel weitersprechen, dann ist es die Aufgabe der Eins, für Ruhe zu sorgen, nicht Ihre.

Nun ist dies auch wieder deutlich schwieriger bei Telkos oder Videocalls. Hier empfiehlt sich ein kurzer

Block und dann wieder ein direktes Adressieren der Eins: »Lennart (Kollege), einen kurzen Moment noch, Andrea (die Eins), um noch kurz auszuführen, dass ...«

Telkos und Videocalls sind grundsätzlich schwieriger und oft undankbarer, da wir weniger Zeichen erhalten. Ganz schwierig wird es, wenn alle anderen zusammen in einem Raum sitzen und man als Außenstelle zugeschaltet wird – und man vielleicht auch noch komplett stummgeschaltet werden kann. Aber im Kern gelten dieselben Regeln. Daher ist es wichtig, das Beste aus der Situation zu machen. Die Lösungen können sehr unterschiedlich und kreativ sein.

Eine Managerin, die als Berliner Außenstelle zugeschaltet wird, raschelt zum Beispiel mit Brotpapier über der Telefonspinne, wenn sie etwas sagen will. Das funktioniert gut, da es ein klares, aber auch nicht zu aggressives Signal ist. »Berlin knistert wieder.«

Die lieben Kolleg:innen

Ebenfalls ein Klassiker: Sie haben soeben einen Vorschlag gemacht. Kollege: »Finde ich sehr gut, was Laura eben vorgeschlagen hat, und ergänzend (jetzt ganz an die Eins gerichtet) könnten wir auch noch darüber nachdenken, dass ...«

In dieser Situation sind drei Dinge passiert: »Finde ich sehr gut, was Laura eben vorgeschlagen hat.« Wer darf wen bewerten? Lob ist eine Bewertung, deswegen ist es auch ein sehr wichtiges Führungsinstrument. Es klingt positiv, aber dieser Kollege maßt sich an, Ihren Beitrag in Anwesenheit einer ranghöheren Person zu bewerten. In der Regel deshalb, weil er beobachtet hat, dass Ihr Vorschlag der Eins gefallen hat. Jetzt herrscht Einschätzungsgleichheit und somit Harmonie bei der Eins und ihm. Und nun wird noch etwas ergänzt. Wenn es der Eins gefällt, dann ist die Wahrscheinlichkeit hoch, dass das gesamte Paket mit dem Kollegen verknüpft wird und die Eins, wenn sie das Meeting verlässt, sich an Ihren Beitrag nicht mehr als den Ihren erinnert. Das passiert ganz automatisch und ohne bösen Willen. Ich habe es hundertfach bei Trainings mit dem Camcorder dokumentiert. Damit dies nicht passiert, müssen Sie sich noch einmal in Ihre Idee einklinken.

Eine weitere typische Szene: Sie machen einen Vorschlag. Kollege: »Sag mal, Laura, habt ihr dazu eigentlich schon valide Zahlen?« Wenn Sie Ihrem Kollegen jetzt antworten, hat er sein Ziel erreicht. Und dieses Ziel war nicht Information, sondern Sie vor einem Ranghöheren abzufragen, um zu verdeutlichen, dass er im Ranking über Ihnen steht. Wenn Sie auf die Frage antworten, dann, indem Sie wieder ganz direkt Ihre Chefin oder Ihren Chef adressieren. Sollten Sie allerdings der Meinung sein, dass die Antwort auf diese Frage Ihre Chefin oder Ihren Chef nicht interessiert, dann können

Sie sie auch einfach komplett ignorieren. Wer darf wen ignorieren? Doppelte Punktzahl.

Sollten Sie zu einer Besprechung eingeladen sein, bei der alle Anwesenden ranghöher sind als Sie, dann gilt, dass Sie nur sprechen, wenn Sie dazu aufgefordert werden. Oft erleben Menschen dann aber die Situation, dass sich Ranghöhere teils ohne rechte Detailkenntnis engagiert zu einem Thema äußern – und das in einer Weise, die die Expertin gruseln lässt. In diesem Fall sollten Sie sich zu Wort melden. Geben Sie Ihrer Eins und der Eins der Runde ein Zeichen, dass Sie etwas sagen möchten. Das ist in Ordnung, denn schließlich hat man Sie ja nicht ohne Grund dazugeladen. Deswegen wird man Ihnen in aller Regel dann auch schnell das Wort erteilen, und Sie können den Ranghöheren mit Ihrer Expertise bei der Meinungsfindung behilflich sein.

Wiederholungen

Zwei Frauen verlassen das Meeting, und die eine Kollegin sagt zur anderen: »Puh! Dass die immer zweimal wiederholen müssen, was bereits gesagt wurde. Merken die das gar nicht? Das frisst so viel Zeit.« Frei nach dem Motto: Es wurde zwar schon alles gesagt, aber noch nicht von jedem!

Dies ist eine typische Bewertung vor dem Hintergrund des sachorientierten non-hierarchischen Systems. Das hierarchische System hingegen ist statusorientiert! Natürlich bringt es bei starker Sachorientierung nichts, etwas zu sagen, nur um etwas zu sagen. Es ist regelrecht peinlich, etwas zu wiederholen. Aber um die Sache, um Inhalte geht es oft nur auf der vordergründigen Ebene.

Ebenfalls wichtig ist, sich zu positionieren! Es gibt Meetings, da dienen die vordergründigen Inhalte sogar ausschließlich diesem Zweck. Und warum wiederholen Kolleginnen und Kollegen manchmal (oder sogar recht häufig) etwas, das bereits gesagt wurde?

Lennart sagt etwas zur Eins, und die Eins nickt zustimmend. Jetzt kann Alexander auf den Zug aufspringen und sagt: »Also, auch wir möchten für unseren Fachbereich unterstreichen, dass wir...«, und die Eins nickt wieder. Vielleicht nimmt noch ein anderer Kollege den Ball auf und sagt: »Auch wir möchten positiv unterstreichen, dass wir...«, und die Eins nickt wieder. Einser mögen Einigkeit im Team. Auch weibliche Einser. Indem Alexander den Beitrag von Lennart in leicht abgewandelter Form aufgreift, signalisiert auch er Zustimmung und: Er sagt etwas! Er leistet etwas für das Team! Und das ohne Risiko. Schließlich hatte die Eins bei Lennarts Beitrag genickt.

Non-hierarchisch sozialisierte Menschen sind oft sehr selbstkritisch, was die inhaltliche Qualität ihrer Beiträge angeht, und unterschätzen dabei, wie wichtig es ist, überhaupt einen Beitrag zu leisten. Aber was passiert, wenn ich an einem Meeting teilnehme und denke: »Nee jetzt, das ist mir echt zu blöd hier. Je weniger ich sage, desto schneller können wir alle wieder arbeiten gehen« – mit dem Ergebnis, dann manchmal gar nichts zu sagen? Was passiert mit Ihrer Positionierung?

Niemand wird denken: »Also, die Laura, die hat jetzt nichts gesagt, aber wir spüren das – das ist ihr bloß zu blöd hier mit uns. Wir sind sicher, sie hat eigentlich wertvolle Ideen und Gedanken. Wir gehen nach dem Meeting mal zu ihr und reden mit ihr.« Nein. An dieser Stelle funktioniert das System schlicht: Laura sagt nichts, die hat nichts zu sagen. Und wenn es ganz ungünstig läuft, geht nach dem Meeting eine andere Chefin zu Lauras Chefin und sagt: »Also, deine Laura musst du gar nicht wieder einladen. Die atmet immer nur die Luft weg und isst Kekse.« (Dieser Satz ist tatsächlich so geäußert worden.)

Noch einmal: Guter Inhalt ist immer hilfreich. Aber ehe ich gar nichts sage, kann ich zumindest meinen Beitrag für das Team durch aktives Zustimmen signalisieren. Das gilt auch für introvertierte Charaktere. Und machen Sie sich eines immer bewusst: Man hat Sie nicht grundlos eingeladen. Versuchen Sie daher auch, sich aktiv einzubringen. Und gerade wenn Sie zu den Menschen gehören, die Schwafler:innen gering schätzen und Inhalte nach vorne bringen möchten: Dank der

Stichworttechnik wissen Sie ja jetzt, wie Sie sich gezielt einklinken können.

Eine wirklich große Falle für Frauen sind übrigens die allgemeinen »Kommunikationstrainings für Führungskräfte« in den Organisationen. Denn diese Trainings richten sich wie selbstverständlich an den Defiziten der sehr hierarchisch kommunizierenden Menschen aus. Da lernt man zum Beispiel: »Mehr in die Runde sprechen«, »aktiv zuhören«, »weniger unterbrechen«. Und dann sitzen Frauen in diesen Trainings und denken sich: »Ich mache das gut. Lennart, der muss besser werden.« Und Lennart trinkt nach dem Training noch ein Bier und denkt sich: »Immer dieser Soft-Skill-Mist aus der Personalentwicklung.« Er macht einfach weiter wie bisher, und während sie aktiv zuhört, macht er den nächsten Karriereschritt.

Wirkungsvoll und angemessen sprechen

Es ist aber nicht nur wichtig, dass Sie etwas sagen und wen Sie adressieren, es ist auch wichtig, wie Sie etwas sagen. Vielleicht erinnern Sie noch Szenen beim Autofahren von Ihren Eltern oder Großeltern, bevor es GPS gab. Wenn ein Paar sich verfahren hatte, was ist dann in den allermeisten Fällen passiert? Sie will anhalten und nach dem Weg fragen. Er weigert sich anzuhalten, kurvt eine Stunde lang in der Gegend herum und beschimpft derweil die Partnerin, dass sie zu dusselig sei, die Karte zu lesen. Es handelt sich um ein internationales Phänomen, das selbst im Film »Findet Nemo« aufgegriffen wurde: »Was habt ihr Männer eigentlich für ein Problem damit, nach dem Weg zu fragen?«

Was für ein Problem gibt es, anzuhalten und nach dem Weg zu fragen? Wer fragt, verliert. Es kann doch nicht sein, dass derjenige, der hier seit dreißig Jahren lebt, mehr Ahnung hat als ich! Hierarchisch sozialisierte Menschen fragen nicht. Zumindest selten. Natürlich nutzen sie Fragen, um andere vorzuführen. Oder manipulativ im Sinne von: »Wer fragt, führt.« Aber ernst gemeinte, wirkliche Fragen haben Seltenheitscharakter.

Eine Polizeidirektorin beschwerte sich unlängst über das Phänomen, dass ihre Mitarbeiter immer erst nach der Besprechung mit den entscheidenden Fragen auf sie zukämen, da auf diese Weise der Nutzen für das Team abhandenkomme.

Non-hierarchisch sozialisierte Menschen stellen Fragen. Ich halte auch an und frage, wenn ich mit dem Navi nicht weiterkomme. Und diese Menschen neigen entsprechend auch dazu, in Meetings mit Fragen zu agieren. Meist mit sehr geringem Erfolg.

»Sollte die Direktorin nicht auch an der Besprechung teilnehmen?« Die Chance ist hoch, dass die Kollegen diese Frage komplett ignorieren. Oft reagiert die Fragestellerin dann gereizt, da sie der Meinung ist, dass sie einen inhaltlich wichtigen Beitrag geleistet hat, und möchte, dass dieser auch Gehör findet. Also wiederholt sie ihre Frage nach kurzer Zeit lauter und schärfer: »Also, wenn ich noch einmal auf den Punkt mit der Direktorin...« Und die Kollegen denken sich: »Puh, was für eine Zicke.« Und so möchten wir ja nicht wahrgenommen werden.

Erfolgversprechender: »Sollte die Direktorin nicht auch an der Besprechung teilnehmen.« Also am Ende des Satzes runtergehen mit der Stimme. Punkt. Das macht aus einer naiven Frage einen kompetenten Vorschlag. Und selbst wenn die Kolleg:innen gute Gründe haben, warum die Direktorin nicht teilnehmen sollte – kein Gesichtsverlust. Es war immer noch ein kompetenter Beitrag für das Team.

Vielleicht denken Sie sich jetzt: »Warum sage ich nicht einfach ›Ich finde, die Direktorin sollte auch an der Besprechung teilnehmen‹?«

»Senden Sie Ich-Botschaften« – das lernen wir bei vielen Kommunikationstrainings. Aber wann ist eine Ich-Botschaft eine starke Botschaft im hierarchischen System? Wenn ich in der Rangordnung recht weit oben stehe. Ansonsten ist es eher gefährlich, da ich sofort angreifbar bin.

Wenn ich als Nummer sechs unter den Abteilungsleiter:innen sage: »Also, ich finde, die Direktorin sollte auch an der Besprechung teilnehmen«, dann riskiere ich, dass ranghöhere Kolleginnen und Kollegen mit

»Aha, wir nicht« reagieren. Bähm. Zack. Voll aufs Dach. Wenn ich die Systeme aber mische, verwende ich den Satzbau einer Frage, doch die Intonation einer Aussage. Dadurch vermeide ich einen potenziellen Konflikt, biete weniger Angriffsfläche, da es sich ja um einen Vorschlag handelt. Und ich habe höhere Chancen, dass mein Vorschlag ernst genommen wird, da es sich nicht um eine naive Frage handelt. Daher: Immer runter mit der Stimme.

Stellen Sie sich vor, Sie sitzen vor einem Kunden und fragen: »Was halten Sie davon, wenn wir es so und so machen?«, und dabei mit der Stimme nach oben gehen. Oder Sie sagen: »Was halten Sie davon, wenn wir es so und so machen.« – Diesmal in Form eines Vorschlags mit der Stimme nach unten gehend. Wer ist überzeugender? Wer bekommt mehr Geld?

Ein weiterer wichtiger Punkt: Sprechen Sie angemessen laut. Es gibt immer noch eine Menge junger Frauen, denen als Mädchen eingetrichtert wurde, nicht so (vor-)laut zu sprechen. Wer darf leise sprechen im hierarchischen System? Die Eins. Denken Sie immer an den Paten, wie er leise flüsternd spricht: »Sonny, erledige du das.« Da traut sich ja keiner zu sagen: »Alter, sprich mal lauter!«

Viele Ranghöhere sprechen bewusst leise, damit alle anderen ihnen sehr aufmerksam zuhören müssen.

Leise sprechen *muss* im hierarchischen System Personal, das nicht auffallen soll. Wenn Ranghöhere Sie wegen Ihrer leisen Stimme nicht verstehen, dann werden sie Sie einfach ignorieren und übergehen. Daher: Sprechen Sie immer so, dass Ranghöhere Sie gut verstehen können.

Die Mimik

Vor allem junge Frauen neigen zum Lächelreflex. Ich spreche hier nicht von einem strahlenden Lächeln mit breiter Brust, sondern von dieser Art Lächeln, bei der sich der Kopf leicht neigt und das Lächeln bedeutet: Ich bin harmlos, ich merke, die Situation ist gerade irgendwie angespannt, aber tu mir bitte nichts, ich werde dir auch nichts tun. Dieses Verhalten lässt sich zum Beispiel in Diskussionen beobachten, in denen es energischer zur Sache geht, oder in Situationen, in denen sich die Präsentierende vor ihrem Publikum offensichtlich unwohl fühlt.

Im non-hierarchischen System wird dieses Verhalten eingesetzt, um eine Situation zu entspannen. Ähnliches gilt, wenn sich Frauen entschuldigen, weil sie eine Situation als unangenehm für sich und andere wahrnehmen. Sie sagen damit nicht, dass sie an dieser Situation schuld wären, aber ein hierarchisches Umfeld verbucht dies meist so.

Hinzu kommt, dass diese Mimik und Körperhaltung bei Frauen meist mit Inkompetenz gleichgesetzt wird.

Deswegen ist es erheblich günstiger, wenn es Ihnen gelingt, in unangenehmen Situationen einen neutralen Gesichtsausdruck einzusetzen. Und ganz wichtig: gerade Haltung! Charme, Witz und Humor sind im Umgang mit anderen Menschen immer hilfreich. Aber eben aus einer angemessen starken Haltung heraus. Vereinfachend lässt sich sagen: Alles Frauliche ist im professionellen Kontext gut, alles Mädchenhafte nicht.

Da ich es mit diesem Phänomen häufiger zu tun habe, ein kurzer Exkurs: Eine 31-jährige Top-Ingenieurin sitzt mir gegenüber im Coaching und sagt: »...und dann denke ich mir immer, was soll ich als kleines Mädchen (sie ist eher kurz gewachsen) denn in einer solchen Situation machen?« Ich fragte, ab welchem Alter sie denn vorhabe, sich innerlich als Frau zu sehen und zu verstehen? Hinter ihrer Stirn konnte man es förmlich rattern sehen. Und von diesem Tag an hat sie mit ihrer inneren Haltung auch nachdrücklich ihr äußeres Auftreten verändert. Mit Erfolg.

Was machen Männer mit ihrer Mimik – insbesondere, wenn es intensiver zur Sache geht? Meist nichts. Pokerface. Und in Situationen, in denen schärfer geschossen wird, wird der »Gegner« zudem oft visuell ignoriert, das Kinn geht ein bisschen nach oben, und dann wird aus dieser Körperhaltung heraus zurückgeschossen. Für non-hierarchisch sozialisierte Menschen sind diese Masken oft eine Herausforderung.

Folgendes Beispiel: Sie haben eine Präsentation ausgearbeitet und betreten den Raum. Überwiegend Männer. Sie fangen an zu präsentieren: Masken. Kein Feedback. Sie präsentieren weiter. Masken. Kein Feedback, keine Reaktion. (Etwas stereotyp überzogen, aber dies soll der Veranschaulichung dienen.) Dann gehen bei vielen Frauen die inneren Fragen los: »Ist an meinen Ausführungen etwas nicht korrekt? Habe ich das Thema verfehlt? Mögen die mich einfach nicht? Was ist hier los?« Oft tritt dann zudem Verunsicherung ein, die die Situation nicht besser macht. Warum sind diese Masken für uns eine echte Herausforderung?

Viele sind gut darin trainiert, beim Kommunizieren Haltesignale zu senden. Wenn Sie zu mir sprechen, dann werde ich Sie freundlich anschauen und etwas mit dem Kopf nicken. Wenn wir im kleinen Kreis sind, zudem noch mit einem »Hm« bestätigen. Nicken und hmsen. Dann läuft es. Die Verbindung steht. Die Maske ist ein Stilmittel der hierarchischen Kommunikation. Und sie hat meist nichts mit Ihnen oder dem Inhalt Ihrer Präsentation zu tun. Nach oben ist die Mimik in der Regel respektvoller, freundlicher, aber zu ranggleich oder -nieder eben oft maskiert. Vertrauen Sie sich! Ziehen Sie durch. Denn es gibt unzählige Beispiele, dass so eine Maske im Anschluss an die Präsentierende herantritt und sagt: »Das muss ich sagen: Wirklich exzellent!« Und die denkt sich dann: »Na toll. Hätte er nur ein Mal gelächelt oder genickt, dann hätte ich es früher gewusst. Wie viel Stress wäre mir erspart geblieben!«

Und Achtung, Falle: Sie präsentieren vor einem Gremium mit Männern, die sich stereotypisch maskieren, und in diesem Gremium sitzt zudem eine Frau. Eine »typische Frau«, die auch mal freundlich guckt und hin und wieder nickt. Dann neigen viele dazu, immer stärker zu dieser Frau hin zu präsentieren. Denn von ihr erhalten wir die Signale, mit denen wir uns so wohlfühlen. Das bringt bloß nichts, wenn diese Frau die Nummer zwölf in der Runde ist! Denken Sie immer an Regel Nummer eins: Voll auf die Eins. Falls Sie kurz vor dem emotionalen Verhungern sind, können Sie natürlich kurz zu der Kollegin schauen und sich zweimal Nicken abholen, aber wenden Sie sich dann wieder der Eins beziehungsweise den Entscheider:innen zu.

Oft sind es auch rangniedere jüngere Männer auf den billigen Plätzen weiter vorne, die freundlicher schauen. Aber es ist dieselbe Falle. Immer auf die Eins, auch wenn er oder sie sich noch so maskiert.

Manchmal erhalten Frauen die Rückmeldung: »Sie wirken immer so verbissen. Lächeln Sie doch mal mehr! Werden Sie mal etwas geschmeidiger!« Und denken sich dann: »Wie jetzt? Ich denke, ich soll vor allem einen guten Job machen und durchsetzungsstark sein! Was denn jetzt?«

In diesem Fall ist es extrem wichtig, von wem diese Rückmeldung kommt. Meist sind es Ranghöhere. Und dann bedeutet es nicht, dass ich gegenüber Kolleginnen und Kollegen oder Externen weniger durchsetzungsstark agieren soll, nein: Es heißt, ich möge mich bitte gegenüber meiner Chefin oder meinem Chef freundlicher verhalten! Und ich mache mir das Leben auch wirklich leichter, wenn ich diesen Rat umsetze.

Sollte ein Kollege Ihnen empfehlen, mehr zu lächeln, dann können Sie ihm getrost raten, sich selbst vor den Spiegel zu stellen, wenn er ein Lächeln sehen will.

Der negative Grenzbereich

Wenn es um kompetentes, souveränes Senior-Level-Auftreten geht, dann gibt es kein »männlich« und »weiblich« oder »divers«. Es gibt nur kompetentes, souveränes Senior-Level-Auftreten. Allerdings gibt es den »negativen Grenzbereich«. Und bei diesem Thema spielt unser Geschlecht eine gravierende Rolle.

Wir alle haben geschlechtsspezifische Stereotype in unseren Köpfen. Das lässt sich so gut wie nicht vermeiden. Wir alle »wissen«, wie Männer so sind oder sein sollten, wie Frauen sind oder sein sollten in unserem jeweiligen Kulturkreis.

Und immer dann, wenn die Gesellschaft ein bestimmtes Verhalten stärker einem Geschlecht zuschreibt und dieses »geschlechtsspezifische« Verhalten kritisch gesehen wird, dann wird dieses Verhalten bei dem anderen Geschlecht meist sanktioniert.

Ein Beispiel: Ich bin mir sicher, Sie kennen Kollegen, die es locker schaffen, mit ihrer Sitzhaltung die Sitzfläche zu verdoppeln. In den letzten Jahren wurde dieses breitbeinige Sitzen von Amerikanerinnen mit dem Wort *manspreading* benannt. Finden Sie es schön, wenn Ihre Kollegen so sitzen? Die meisten werden nach meiner Erfahrung mit »Nein« antworten. Wenn Sie sich als Frau bei der nächsten Besprechung genauso breitbeinig hinfläzen, und das vielleicht noch im Rock, dann dürfte dies für einige Irritation und anschließende Bemerkungen sorgen.

Nächstes Beispiel: Bei Präsentationen im Stehen lässt sich gut beobachten, dass Frauen dazu neigen, bei Nervosität weniger Raum einzunehmen. Männer neigen dazu, bei Nervosität mehr Raum einzunehmen. Daher präsentiert manch ein Kollege wie John Wayne. (Für die Jüngeren: John Wayne war für seinen sehr breitbeinigen Gang bekannt.) Wenn Sie sich als Frau genauso breitbeinig vor Ihrem Publikum aufbauen, dann dürfte dies ebenfalls für Irritation sorgen.

Ein weiterer Bereich: Kennen Sie in Ihrem Umfeld einen Choleriker in verantwortungsvoller Position? Die meisten von Ihnen werden vermutlich nicken. Choleriker gibt es immer noch, und in den allermeisten Fällen sind es eben Männer – da man bei Männern dieses Verhalten noch durchgehen lässt, meist begleitet mit dem Satz: »Nun ja, er ist ein alter Choleriker, aber er hat seinen Laden im Griff.« (Ich gebe die

Hoffnung nicht auf, dass sich dies eines Tages ändert, schließlich ist cholerisches Verhalten kein akzeptabler Führungsstil.)

Wenn wir als Frau das exakt gleiche Verhalten zeigen, gelten wir als hysterisch, unzurechnungsfähig, führungsuntauglich. Als Frau müssen wir (aus Sicht unseres professionellen Umfelds) Aggressionen kontrollieren und beherrschen. Uns wird dieses Verhalten in aller Regel nicht verziehen. Was für uns zum Sanktionieren gut funktioniert, ist Strenge. Aber Aggression? Das ist in aller Regel ein No-Go.

Nehmen wir einen negativen Grenzbereich für Männer: Mehrere Kollegen diskutieren ein Thema, einer von ihnen wird dabei aggressiver, attackiert verbal einen anderen Kollegen – und dieser fängt an zu weinen. Er dürfte es in den nächsten Tagen und Wochen eher schwer haben. Bei uns Frauen geht dieses Verhalten, zumindest auf den unteren Ebenen, durch: »Die Frau Müller ist zwar etwas nah am Wasser gebaut, aber ihre Ablage: top.« Wenn Sie Karriere machen möchten, sollten Sie versuchen, dieses Verhalten zu vermeiden.

Natürlich hat jeder Verständnis dafür, wenn ein Kollege oder eine Kollegin wegen eines schweren Schicksalsschlags am Arbeitsplatz auch mal weint. Aber zu weinen wegen einer beruflichen Auseinandersetzung genießt keine Anerkennung.

Also: Es gibt Grenzen – aber bis wir diese erreicht haben, steht uns sehr viel Raum zur Verfügung, den wir analog zu unserer Stellung, Rolle und Position auch wirklich nutzen sollten.

Angemessen Raum einnehmen

Wie sitzen Ihre Kolleginnen oder Mitarbeiterinnen in Besprechungen? Viele vermutlich eher schmal; einige vorne auf der Stuhlkante, manche mit verknoteten Beinen. Wie sitzen viele männliche Kollegen oder Mitarbeiter? Ich bin sicher, da fallen Ihnen sofort andere Bilder ein.

Die Kollegen sitzen nicht einfach anders, sie fühlen sich auch anders, weil sie anders sitzen. Natürlich lässt sich an dieser Stelle die Henne-Ei-Frage stellen. Der Punkt ist: Wir können unsere Gefühle nicht komplett von der Körperhaltung entkoppeln. Wenn ich schmal sitze, dann fühle ich mich auch energetisch schmal!

Deswegen ist es wichtig, vor allem mit dem Oberkörper eine große Linie aufzubauen: Ellenbogen weg vom Körper! Mit den Beinen lässt sich dabei trotzdem ladylike sitzen, sollten Sie dies bevorzugen. Bei Christine Lagarde lässt sich dies in Formvollendung beobachten: Lagarde sitzt bei Podiumsdiskussionen oft mit den Beinen schräg parallel zusammen, aber die Ellenbogen sind immer nach außen vom Körper weggerichtet. Ich würde mir bei dieser Sitzhaltung auf Dauer die

Hüfte brechen. Ich bevorzuge ein einfaches Übereinanderschlagen der Beine.

Neulich berichtete mir eine Trainingsteilnehmerin empört von einem Kollegen, der, sobald der Chef den Raum verlässt, die Arme hebt und die Hände hinter dem Nacken kreuzt. Die Teilnehmerin war von diesem Verhalten sehr genervt, obwohl sie nicht genau erklären konnte, warum. Die Antwort ist simpel: Diese Körperhaltung steht eigentlich nur der Eins zu. Der Kollege signalisierte so, dass er mehr zu sagen habe als sie, wenn der Chef nicht mehr anwesend war. Die Teilnehmerin fand allerdings keinesfalls, dass der Kollege mehr zu sagen hatte als sie. Sie entschied sich, beim nächsten Mal in den Positionskampf einzusteigen und den Kollegen auf den aus ihrer Sicht gebührenden Platz zu verweisen. Wie sie unlängst schrieb: mit Erfolg.

Auch bei Online-Meetings ist es natürlich wichtig, Präsenz aufzubauen. Viele scheitern schon an den Grundlagen, wie vorteilhaftes Licht, vernünftiges Bild und guter Ton. Und auch hier gilt: Ellenbogen weg vom Körper! Gute Telefontrainer:innen wissen, wie sehr sich unsere äußere und innere Haltung auf den Klang unserer Stimme auswirkt. Und das Gleiche gilt für Online-Meetings, nur dass eben noch ein Bild hinzukommt, das zumindest nicht ungünstig sein sollte. Vor Beginn von wichtigen Online-Meetings empfehle ich sehr, die Einstellungen zu prüfen.

Beim stehenden Präsentieren lässt sich feststellen,

dass Frauen oft viel zu schmal stehen. Und noch interessanter wird es, wenn der Hüftknick zum Einsatz kommt. Dabei wird ein Bein zur Seite gestellt, der Kopf etwas zur Seite geneigt, häufig begleitet von einem leichten Schulterwackeln. Diese Pose funktioniert vielleicht auf dem privaten Account von sozialen Plattformen, im professionellen Zusammenhang weniger.

Die allermeisten Frauen wirken erheblich überzeugender, wenn sie – etwas mehr oder weniger – schulterbreit stehen. Auch im Rock und mit hohen Absätzen.

Und auch wenn die Präsentation an sich zu Ende ist: Die Selbstpräsentation geht weiter! Die folgende Szene habe ich mehrfach beobachtet: Eine junge Frau, die offensichtlich gut geschult ist, hält eine gute Präsentation. Guter Inhalt, guter Stand – alles bestens. Dann sind die Präsentation und der Termin insgesamt zu Ende, und Kollegen treten an die junge Frau heran, um noch ein paar Gedanken mit ihr zu erörtern. Und jetzt steht dieselbe Frau im Gespräch mit gekreuzten Beinen und schief gelegtem Kopf. Die bis dahin so überzeugende Wirkung verpufft sofort.

Auch im Small Talk mit Kollegen habe ich eine professionelle Rolle! Auch hier gilt: Kopf gerade, schulterbreiter Stand. Ich wurde bereits mehrfach von Führungskräften ganz gezielt auf dieses überkreuzte Stehen angesprochen: »Frau Knaths, Sie sind doch demnächst bei uns im Unternehmen. Einige meiner Teamleiterinnen stehen immer so verkreuzt. Ich finde, das geht gar nicht. Aber als Mann traue ich mich nicht, es ihnen zu sagen. Können Sie das bitte übernehmen?«

Oder gern auch etwas verklausulierter und allgemeiner: »Frau Knaths, ich weiß nicht, wie ich es sagen soll, aber meinen Leiterinnen, die alle einen tollen Job machen, fehlt es beim Auftreten gegenüber Kollegen an Gravitas. Lässt sich da etwas machen?«

»Denen fehlt es an Gravitas« ist eine Bemerkung, die mir in den letzten Jahren zunehmend begegnet ist. Denn fachlich sind die Frauen klasse, ihre Ergebnisse sind sehr gut. Aber ein Bereichsleiter hat dann trotzdem ein Problem, wenn er eine seiner Leiterinnen für die nächste Ebene empfehlen soll, zugleich jedoch wahrnimmt, dass sie auf Kollegenebene nicht für voll genommen wird. Doch an dem Thema »Gravitas« lässt sich eben, wie an allem anderen auch, arbeiten.

Zurück zum stehenden Präsentieren: Viele wissen nicht, wohin mit ihren Händen. Am besten wirkt es bei den meisten, wenn man die Hände ungefähr auf Bauchnabelhöhe locker fixiert. Sie können sie einfach zusammenlegen, sie können mit einer Hand eine Faust bilden, und die andere Hand umschließt diese Faust, oder Sie nutzen tatsächlich die Raute. Viele Menschen können sich exzellent konzentrieren, wenn die Fingerspitzen aufeinanderliegen. Und gerade Menschen, die über eine nicht so extrovertierte Energie verfügen, erhalten oft überraschend guten Zugang zu ihrer Energie, wenn sie in dieser Haltung etwas Druck auf die Daumen ausüben.

Der entscheidende Punkt ist: Wir haben eine Erwartungshaltung, wie Menschen auftreten sollten, die in einer verantwortungsvollen Position oder Rolle sind. Und zu dieser Erwartung gehört »Souveränität«. Die entscheidende Frage ist, wann wir das Auftreten eines Menschen als souverän wahrnehmen. Wenn dieser Mensch (angemessen) Raum einnimmt, sich nicht versteckt oder in Schutzhaltung geht und Standfestigkeit ausstrahlt. Und deshalb ist für uns Frauen ein guter Stand wirklich wichtig.

Männer lernen bei Präsentationstrainings oft »Standbein/Spielbein«. »Dann kommst du lockerer rüber, Peter.« Sprich: Das Körpergewicht ruht auf dem einen Bein, während das andere Bein locker gebeugt leicht nach außen steht. Wenn Peter in seiner Position als Direktor dann so vorne steht und spricht, dann sehen die Menschen das gewohnte Bild eines Machtinhabers: einen Mann. In lockerer Pose. Wenn ich aber als Frau auf die gleiche Weise vorne stehe, dann sehen alle nur eine wackelige Frau. Natürlich kann (oder muss) ich mich auch mal gezielt bewegen. Aber Anfangs- und Endpunkt sollten dann wieder ein guter Stand mit einer ebenfalls ausdrucksstarken Armlinie sein.

Die Gestik ist ein wirkungsvolles Mittel, um Aussagen zu unterstreichen. Aus meiner Sicht ist das Wichtigste daran, zu zeigen, dass ich mich nicht an mir festhalten muss. Sie zahlen also auf die Karte »Souveränität« ein. Ob Sie es dabei lieber etwas sparsamer oder dramatischer mögen, ist eher Typsache oder themenbezogen. Hauptsache, Sie sind in der Lage, Ihre Hände mal voneinander zu lösen.

Viele lernen bei Trainings, Karten in den Händen zu halten. Sollten Sie dies bevorzugen, dann achten Sie darauf, dass Sie sich an der Karte nicht festhalten! Gefühlt hält immer nur eine Hand die Karte, die andere liegt einfach locker an. Dann gelingt es Ihnen leichter, auch aus dieser Haltung heraus Gestik einzusetzen.

Wenn ich mehr Verantwortung in meiner Organisation übernehmen möchte, ist es wichtig, dass mein Umfeld, vor allem die Entscheider:innen, mich im wahrsten Sinne des Wortes in dieser verantwortungsvollen Rolle oder Position *sehen*! Daher lohnt es sich sehr, ein gutes Auftreten vor dem Spiegel oder mit professioneller Unterstützung zu üben. Oder wie es eine gute Bekannte so schön formulierte: »Vor wichtigen Terminen nicht noch einmal in die Unterlage schauen, sondern lieber in den Spiegel.«

Angemessen Raum einzunehmen gilt nicht nur in Bezug auf unsere Körpersprache, es gilt auch für unseren Arbeitsplatz und alles, was damit zusammenhängt. Zu diesem Thema empfehle ich das Buch von Dr. Peter Modler *Das Arroganzprinzip*[12]. Mit der Titelformulierung habe ich so meine Probleme, aber viele Situationen sind hier sehr gut beschrieben, insbesondere unter dem Stichwort »Move Talk«.

In diesem Zusammenhang möchte ich auch noch

kurz auf die Begrüßungsrituale eingehen. Denn auch hier gilt: »Wer darf was?« Für mich ist es hilfreich, dabei an die Queen zu denken. Niemand darf die Queen ohne ausdrückliche Einladung dazu berühren – weil sie die Ranghöchste ist.

In Vor-Corona-Zeiten konnte man oft folgende Situationen beobachten:

Zwei Kollegen begegnen sich vor einem Konferenzraum, schütteln sich die Hände. Der eine greift dabei freundlich an den Oberarm des anderen, und dieser retourniert diese verbindende Geste.

Ein Kollege und eine Kollegin begegnen sich vor einem Konferenzraum, schütteln sich die Hände. Der Kollege greift dabei freundlich an den Oberarm der Kollegin – und diese weicht aus dem eigenen Raum zurück und retourniert die Geste nicht.

Wenn ich die Geste nicht retourniere, ordne ich mich unter. Das ist ein starkes körpersprachliches Signal, das unterbewusst wirkt, ob ich will oder nicht. Angela Merkel hat in ihren Jahren als Kanzlerin diesbezüglich eine rasante Entwicklung gemacht. Während sie in ihrer ersten Amtszeit den Übergriffen mancher Kollegen noch ausgesetzt schien, setzt sie derartige Übergriffe mittlerweile seit Jahren souverän selbst ein – und retourniert die Übergriffe, auch körperlich deutlich größerer Kollegen, blitzschnell.

Sollten Sie zu den Menschen gehören, die Berührungen außerhalb des privaten Bereichs generell unangenehm finden, dann dürfte es Ihnen dank Corona leichter fallen, distanziertere Formen der Begrüßung zu wählen.

Die Streifen auf der Schulterklappe

Als jüngste Kraft in meinem Bereich fiel mir seinerzeit die, wie sich herausstellen sollte, wahnsinnig undankbare Aufgabe zu, die Flächenplanung zu übernehmen. Der Bereich sollte umziehen, also musste eine Planung für die neue Fläche her. Da ich naiv und jung war, stellte ich mir dies nicht sehr herausfordernd vor. Das war es aber. Und extrem lehrreich.

Ich lernte, dass ein Eckplatz viel mehr Renommee genießt als jeder andere Platz. Das Ultimative war eine Ecke mit zwei Fenstern. Ein einfacher Platz am Fenster ohne Ecke galt mehr (auch wenn mitunter das Licht das Lesen auf dem Bildschirm erschwerte) als ein Platz mitten auf der Fläche (mit guter Sicht auf den Bildschirm). Es war wichtig, ob der Schreibtisch eine Ansteckplatte hatte oder nicht; ob es Platz gab für einen Besucherstuhl; ob jemand hinter dem Schreibtisch langgehen konnte; wie viel Fläche für die eigenen Schränke da war. Und wehe, jemand hatte eine Ansteckplatte, die ihm oder ihr aus Sicht eines anderen Mitarbeiters nicht zustand! Oder gar einen halben Meter mehr Fläche oder eine zusätzliche Topfpflanze! Ich saß im Zentrum der

Begehrlichkeiten und Beschwerden und lernte, dass all diese Dinge wichtig sind, wenn sie von den Menschen in einer Organisation als wichtig erachtet werden.

Jetzt denken Sie vielleicht: Das war einmal. Wir haben *open space*. Alles rollt, alles schiebt, und da niemand mehr weiß, wo jemand sitzt, wird nicht mehr miteinander gesprochen, sondern getippt. Sie spüren vielleicht, was ich von dieser Mode halte. *Open space* dient der Kostenersparnis, keinesfalls einer besseren und moderneren Kommunikation. Und in vielen Fällen bleibt der Eckplatz für die Chefin oder den Chef frei. Dort, wo dies nicht geschieht, tragen diejenigen, die einen Streifen mehr auf der Schulter haben, meist ein technisches Gerät mit sich herum, das eben nur Menschen ab einem bestimmten Rang innerhalb der Organisation zusteht.

Bei den meisten Organisationen, die *open space* für sich entdeckt haben, handelt es sich um eine Entdeckung für die unteren Ebenen. Da schwärmt der Vorstand von den Vorzügen der modernen, flexiblen Arbeitsform, um sich anschließend in sein Eckbüro in der obersten Etage zurückzuziehen und seiner Assistentin die Anforderungen an sein Hotelzimmer für die nächste Geschäftsreise zu diktieren.

Wenn Sie jetzt denken: »Aber das sind die alten Muster... Die jungen Leute machen das alles ganz anders. Die ganzen Start-uper zum Beispiel, denen geht es doch um was anderes!«

Also: Zum einen geht es vielen Start-upern meiner Erfahrung nach vor allem um eins: Geld. Gern *viel* Geld. Und das Eckbüro des Start-upers ist seine Visitenkarte als »CEO« – Vorstandsvorsitzender. Unabhängig von der Rechtsform des Unternehmens. Hier sind alle CEOs. Das Eckbüro folgt erst dann, wenn auch die dritte Finanzierungsrunde überstanden ist und das Unternehmen noch existiert. Und da das den wenigsten gelingt, sind sie halt so lange CEO.

Aber zurück zur alten Welt: Nach einigen Beförderungen hatte ich schließlich eine Position erreicht, mit der ein Parkplatz in der Tiefgarage des Konzerns verbunden war. In meinem Team gab es damals einen jungen, sehr ehrgeizigen und richtig guten Volontär, den ich als Belohnung für seine guten Leistungen zu einem externen Verhandlungstermin mitnehmen wollte. Dafür mussten wir zu meinem Auto. Wir fuhren nach unten und betraten die Tiefgarage. Und was tat der junge Mann? Er blieb stehen, schaute sich um, breitete die Arme aus und sagte: »Das sind sie also, die heiligen Hallen!« Ganz offenbar hatte er ein ausgeprägtes Gespür für Statussymbole.

Die Frage, wo man parken darf, spielt in fast allen Organisationen eine wichtige Rolle. Und auch, ob man überhaupt einen Stellplatz hat. Als Professorin ist es nicht unbedingt entscheidend, was für ein Auto ich fahre; wo ich auf dem Universitätsgelände parken darf, schon. Und wenn man für meine Forschung eine eigene Halle bauen muss, dann habe ich es geschafft. Oder wenn für meinen Forschungsbereich das teuerste Gerät angeschafft wird. Auszeichnungen sind natürlich ebenfalls förderlich im Hierarchiespiel.

In Umweltorganisationen sind Autos eher verpönt. Dort wird das Rangordnungsspiel über Fahrräder ausgetragen. Und wenn eine Abteilungsleiterin eine alte Scheese fährt, dann werden die Kollegen mit den neuen coolen Bikes dies herablassend kommentieren.

In den großen Sozietäten geht es meist um Kunst an den Wänden, bei Bankern um das richtige Schreibgerät, bei Beratungsfirmen um das Meilensammeln (einige fliegen dafür von Hamburg über München nach Düsseldorf, kein Scherz). Und um Uhren geht es eigentlich bei allen.

Vor einiger Zeit hielt ich einen Vortrag an einer Universität. Im Saal befanden sich ungefähr dreihundert Frauen und zwei Männer, die in den hinteren Reihen saßen. Einer der beiden gesellte sich anschließend zu dem um mich stehenden Grüppchen – und fragte dann, ob es sich bei meiner Uhr um die und die Marke und jenes Modell handeln würde. Wie gesagt: Er hatte hinten gesessen! Und meine Uhr von dort richtig erkannt.

Gruppen haben Regeln. Und wenn ich in meiner Umgebung ernst genommen werden will, dann ist es gut, diese Regeln zu kennen. Ich muss ja nicht eins zu eins alles mitmachen, und natürlich kann man auch einmal eine Regel gezielt brechen. Aber wenn ich geltende Regeln grundsätzlich nicht beachte, dann werde ich als störend oder zumindest als große Irritation wahrgenommen und mit hoher Wahrscheinlichkeit irgendwann hinauskomplimentiert.

Nicht selten kommt es vor, dass sich Frauen über das Thema Statussymbole geradezu empören. Es mag tatsächlich Menschen geben, denen sie nichts bedeuten. Aber einigen geht es eben auch anders. Ein Manager sagte mir einmal dazu: »Natürlich finden Frauen Statussymbole gut. Es sind doch meist Frauen, die in den dicken SUVs die Kinder in die Schule fahren!«

Wenn es sich um das Auto des Ehemanns handelt, ist es als Statussymbol für viele Frauen ganz selbstverständlich. Denn viele definieren ihren gesellschaftlichen Status noch immer über den ihres Mannes. Wenn ich als Frau aber im professionellen Spiel mitspielen möchte, dann gilt nicht der Status meines Mannes, sondern mein eigener.

Auch heute noch gilt in vielen Organisationen: Wenn ich als Abteilungsleiterin mit dem kleinen praktischen Wagen in die Tiefgarage fahre, habe ich das Garagenspiel schon mal verloren.

Für diejenigen, die eine starke Abneigung gegen das Nutzen von Statussymbolen verspüren, möchte ich von zwei Erfahrungen berichten.

Mehrfach habe ich Gespräche geführt mit Schiffskapitäninnen, die irgendwann an Land gegangen sind. Alle erzählten, dass sie zunächst eine Art Kulturschock erlitten hatten, denn sie wurden von Kollegen und Mitarbeitern auf eine für sie nie gekannte Art und Weise ausgetestet, angezweifelt und herausgefordert. Dieses Verhalten hatten sie an Bord nie kennengelernt, da es dort Streifen auf der Schulterklappe gab. An Bord war immer klar, wer wem was zu sagen hat. An Land fehlten ihnen die Streifen. Und vielen war nicht bewusst, welche Symbole an Land die Streifen quasi ersetzen, deshalb hatten sie zu Beginn darauf verzichtet.

Das andere Beispiel stammt aus einer amerikanischen Firma, bei der ich eingeladen war. Die Philosophie dieser Firma war: *No ranks, no titles, no corner office.* Und abgesehen von den obersten Etagen wurde dieses Prinzip auch tatsächlich gelebt. Im Laufe des Tages sprach mich eine Managerin an: »Frau Knaths, ich habe noch nie ein solches Hauen und Stechen erlebt wie in diesem Unternehmen. Ich komme von einem traditionellen deutschen Konzern, sozusagen verstaubt, wo die Abteilungsleitung ein Einzelbüro mit Sekretariat hatte und die Gruppenleitung einen Eckplatz. Da wussten alle, wer mehr zu sagen hatte, und die Dinge liefen überwiegend friedlich. Hier muss jede und jeder mit einem gefühlten Streifen mehr auf der Schulter dies jeden Tag aufs Neue deutlich machen und sich beweisen! Ich muss ehrlich sagen: So ein Eckplatz kann die Dinge auch entspannen und einfacher machen.«

Kleider und Karriere

Die Bekleidung ist in diesem Zusammenhang natürlich ebenfalls wichtig. Können wir im Rock und auf hohen Hacken Karriere machen? Abhängig vom Umfeld: selbstverständlich. Ich will Sie hier auch nicht mit den üblichen Ratgeberweisheiten zum Thema langweilen. Aber ich möchte ein paar Gedanken mit Ihnen teilen.

Eine junge Frau, die Rat bei mir suchte, arbeitete als Senior Consultant für eine Unternehmensberatung. Sie war erst seit Kurzem dabei und auf dieser höheren Ebene eingestiegen, weil sie zuvor ein eigenes Start-up geführt und somit gute Branchenkenntnisse hatte. Sie klagte: »Was mich wirklich nervt, ist, wenn die Kollegen kommentieren, was ich anhabe. Was bilden die sich ein? Wie soll ich damit umgehen?«

Ich fragte, ob die Kollegen dies immer täten oder ob es vielleicht einen Auslöser gebe.

»Na, wenn ich zum Beispiel ein Kleid trage.«

Ich fragte weiter, ob es für das Tragen des Kleides einen bestimmten professionellen Anlass gebe, wie einen wichtigen Kundentermin, eine Verhandlung, eine Präsentation.

»Nein. Manchmal ist mir morgens einfach nach einem Kleid.«

Diese Beraterin zog sich also nach Lust und Laune an, ohne die professionellen Umstände zu berücksichtigen. Dieses Verhalten führte bei den Kollegen zu Irritationen, die in den Bemerkungen über ihre Kleidung zum Ausdruck kamen. Sie fand das einleuchtend und beschloss, ihre Bekleidung künftig zu professionalisieren.

Ein früherer Kollege von mir hatte ein beeindruckend schlichtes System: sechs dunkle Anzüge, die hintereinander im Schrank hingen. Am Morgen eines jeden Arbeitstages nahm er einen Anzug von vorne und hängte ihn am Abend nach hinten. So brauchte er sich nie Gedanken zu machen und vermied es, an einem Wochentag immer denselben Anzug zu tragen.

Für Männer ist der dunkle Anzug seit Langem das Mittel der Wahl. Und er ist es bis heute fast überall, zumindest bei offiziellen Anlässen. Durch ihn kann man (Mann) dazugehören. Seine Produktion wurde schon sehr früh industrialisiert, weil es einen großen Bedarf gab, dazuzugehören im öffentlichen Raum. Der dunkle Anzug machte und macht gleich. Unterschiede in der Herkunft, der Religion, des Alters werden aufgehoben. Er bedeckt den Träger und ist zugleich praktisch.

Für uns Frauen gibt es kein professionelles Gewand mit langer Historie, weil wir eben lange aus dem öffentlichen Raum herausgehalten wurden. Wir sollten gar nicht dazugehören. Die ersten Frauen, die im Deutschen Bundestag im Jackett auftraten, wurden von den Männern im Parlament ausgebuht und angefeindet.

Das Fehlen professioneller Kleidung ist Fluch und Segen zugleich. Segen, weil viele Frauen es durchaus zu schätzen wissen, dass sie eben nicht jeden Tag einen dunklen Anzug tragen müssen. Aber auch für uns gilt, dass unsere Kleidung den Erwartungen an das rollengerechte Auftreten entsprechen muss. Ansonsten wird kommentiert, kritisiert, sanktioniert.

Frauen beklagen sich häufig, dass sie wegen ihrer äußeren Erscheinung und nicht wegen ihrer Inhalte Beachtung finden. Aber: Das Gleiche gilt für Männer, wenn sie von den geltenden Regeln abweichen!

Im August 2014 trat Barack Obama für ein Pressebriefing vor die Kameras – in einem beigefarbenen Anzug. Es ging um durchaus wichtige Dinge. Auf die konnte sich allerdings niemand konzentrieren. Alle Kommentare bezogen sich anschließend auf den Kleidungs-Fauxpas des Präsidenten.

Abweichungen werden kommentiert. Ich erinnere mich noch gut, wie viele hässliche und spöttische Kommentare es über Wolfgang Thierses »Zottelbart« gab, als Thierse Präsident des Deutschen Bundestags wurde. Ein Zottelbart an der Spitze des Deutschen Parlaments – das ging für viele gar nicht.

Vielleicht wenden Sie jetzt ein, dass durch die New Economy alles viel lockerer geworden sei. Schließlich trägt Marc Zuckerberg nur graues T-Shirt mit Jeans. Es gibt gut dotierte Mitarbeiter, die seit Jahren im Silicon Valley arbeiten und noch nie einen Anzug getragen haben. Wenn sie im Anzug bei der Arbeit auftauchten, würde dies vermutlich Belustigung auslösen. Aber auch Zuckerberg erschien im perfekt sitzenden blauen Anzug, als er vor dem Kongress aussagen musste. Denn an diesem Ort gelten nicht die Spielregeln des Silicon Valley.

Abweichungen werden kommentiert. Und an dieser Stelle wird es für uns Frauen herausfordernd: Denn wir weichen ab. Allein schon deshalb, weil wir nicht zum Klub der männlichen Anzugträger gehören. Wir können auch einen dunklen Anzug tragen. Ich habe viele schöne dunkle Anzüge und habe dafür auch schon viele Komplimente erhalten. Aber: Wenn ich als Frau in einem dunklen Anzug erscheine, gibt es immer auch ein paar Männer, die es irritierend finden, dass eine Frau einen dunklen Anzug trägt, und dies kommentieren.

Bei den ranghohen Politikerinnen lässt sich in den letzten Jahren ein Trend erkennen: der geschlossene Blazer aus gutem, festem Tuch. Und das hat seinen Grund. Als Politikerin agiere ich viel im Rampenlicht, und es können fast jederzeit Fotos von mir gemacht werden. Nun werden viele Frauen das Problem kennen, dass eine Bluse so gut wie nie perfekt sitzt für ein Foto – anders als das Hemd am Körper eines Mannes. Mit einem geschlossenen Blazer lässt sich dieses Problem vermeiden. Egal wann und aus welchem Winkel jemand fotografiert, das äußere Erscheinungsbild ist professionell und bietet keinen Anlass zur Aufregung. Zudem setzen die Politikerinnen Farbe ein. Sie verstoßen gegen keine gewachsene Regel, wenn sie einen roten, grünen oder hellblauen Blazer tragen. Sie weichen eh ab und können dieses Mittel nutzen, um ihre Wirkung zu verbessern.

Angela Merkel hat es durch das Professionalisieren ihrer Kleidung und ihrer Frisur, wie bereits erwähnt, geschafft, dass ihr äußeres Erscheinungsbild schon seit Langem kein Thema mehr ist. Der *Stern* versuchte es zu Beginn ihrer Kanzlerinnenschaft noch einmal, stieß aber auf wenig Resonanz. Bei den Bayreuther Festspielen gelang es einem Fotografen, das Dekolleté der Kanzlerin abzulichten. Nun war die Abendgarderobe für diesen Anlass allerdings angemessen, sodass keine Aufregung aufkam.

In diesem Zusammenhang möchte ich ein Wort zu Tüchern sagen: Viele Frauen lieben es, gerade im Winter, sich Tücher um den Hals zu wickeln – was auch damit zusammenhängen könnte, dass die Raumtemperatur in vielen Organisationen an den Wohlfühltemperaturen der Männer und nicht der Frauen ausgerichtet wird. Frauen benötigen drei Grad mehr, um voll leistungsfähig zu sein.[13]

In den Trainings lasse ich diese Frauen mit ihrem Tuch immer eine kurze Ansprache an die Teilnehmerinnen in ihrer Rolle als Führungskraft richten. Danach bitte ich sie, das Tuch abzunehmen und das Ganze zu wiederholen. Anschließend frage ich die Zuhörerinnen, welchen Auftritt sie überzeugender fanden. Und zu 100 Prozent lautet die Antwort: »Ohne Tuch.« Wenn ich nach dem Warum frage, lautet die Antwort: »Ohne das Tuch hatte die Kollegin viel mehr Ausstrahlung und Präsenz.« Anscheinend absorbieren die Tücher einen Teil unserer Energie.

Ein geradezu niederschmetterndes Erlebnis hatte ich bei einer Sparkasse: Dort trainierte ich die ranghöchsten Frauen in ihrer normalen Arbeitsbekleidung. Ich freute mich darüber, den ganzen Tag mit so tollen, beeindruckenden Frauen verbringen zu können. Am Abend sollte es dann eine Veranstaltung mit allen Führungskräften geben, zu der mich der Vorstand ausdrücklich mit eingeladen hatte.

Als ich dort eintraf, fiel mir innerlich die Kinnlade herunter: Diese toughen Führungsfrauen trugen alle ein Halstuch mit dem Logo der Sparkasse, hübsch geknotet. Sie sahen alle aus wie Stewardessen! Die Männer trugen dunkle Anzüge und Krawatten mit dem Logo der Sparkasse. Auch das kann man speziell finden, aber es verändert das Erscheinungsbild nicht so sehr wie ein geknotetes Halstuch. Als ich eine Frau fragte, warum alle diese Halstücher trügen, war die Antwort: »Der Vorstand wünscht es so.«

Bei aller Gefahr, die es mit sich bringt, sich den Wünschen des Vorstands zu widersetzen: An der Stelle hätte ich es getan. Frei nach Doris Dörrie – »Ein Manager stellt sich nicht mit einem Papierhut auf einen Stuhl.« An der Stelle hätte ich gestreikt. Ich wäre dann eher mit einer Krawatte erschienen.

Muss man sich immer anpassen? Nein. Ausnahmen bestätigen die Regel. Unlängst hatte ich mit einer Partnerin einer angesehenen Sozietät zu tun, an der alles »zu viel« war: der Rock zu kurz, das Make-up zu bunt, der Schmuck zu groß, die Haare zu fransig. Aber das war eben ihr Markenzeichen: »Ich bin hier der bunte Vogel. Ich bringe Farbe und Abwechslung in die Büros meiner Klienten, und sie wissen, dass sie bei mir juristisch exzellent aufgehoben sind.«

Wolfgang Thierse trägt bis heute seinen Bart, wenn auch gepflegter als zu Beginn seiner politischen Karriere. Barack Obama trug allerdings nie wieder einen beigen Anzug. Offensichtlich war ihm der Preis, den er für sein Abweichen von der Regel gezahlt hatte, zu hoch.

Aber es gibt beim Thema Bekleidung auch noch einen anderen Aspekt: Wer darf wen beurteilen? Und damit sehen sich eben auch viele Frauen konfrontiert: mit Kollegen, die sie ganz unverblümt von oben nach unten und wieder hinauf mustern und dann eine Bemerkung machen. Dieser hierarchische Aspekt ist es auch, warum sich Frauen über die Bemerkungen der Kollegen so empören. Ich empfehle dann immer, dasselbe mit den Kollegen zu tun: sie einmal intensiv von oben nach unten und wieder hinauf zu mustern und zu sagen: »Na, du hast dir heute aber auch Mühe gegeben!«, oder: »Na, du hättest dir ruhig auch mehr Mühe geben können!«

Wie schon erwähnt, wurde die Fertigung von Anzügen schon früh industrialisiert. Für uns Frauen gibt es auch heute noch keine funktionelle Garderobe von der Stange. Unsere Kleidung ist auch teurer! Für Männer starten die kompletten Anzüge bei einem angesehenen Mode-Label zum Beispiel bei 399 Euro, für Frauen kostet der günstigste Blazer dort 379 Euro. Ohne Hose. Die günstigste zu einem Blazer passende Hose kostet 169 Euro. Wenn ich diesen Preis auch für die Männerhose unterstelle, kostet deren Blazer nur 230 Euro. Dafür hat er aber mehr: eine praktische Innentasche, ein Revers-Knopfloch, in das sich Abzeichen von Klubs stecken lassen, eine Brusttasche, an der sich Namensschilder bei Veranstaltungen befestigen lassen. All das hat der Damenblazer nicht. Wozu sollten wir uns auch funktional kleiden? Und noch eines hat der Damenblazer nicht: ein auf der Innentasche eingenähtes Etikett mit dem Namen des Herstellers.

Auch diesbezüglich bietet Männerkleidung Vorteile. Ein Beispiel? Manchmal möchten ranghohe Männer sich erst mit mir treffen, bevor ich eine ihrer Führungsfrauen coache. Unter ihnen gibt es einen bestimmten Typus, bei dem nicht die Frage ist, ob, sondern nur wann er mir dieses Etikett präsentiert: Wann macht mein Gegenüber diese lässige Bewegung, bei der wie durch Zufall die Innenseite seines Sakkos und somit der Hersteller des Anzugs sichtbar wird? Soll heißen: Sieh her! Meine Streifen auf der Schulterklappe.

Bei meinem Anzug sitzt das Etikett im Nacken. Ich müsste »ganz zufällig« meinen Blazer über den Kopf ziehen, damit der Hersteller sichtbar wird!

Ich habe dieses Thema schon bei Herstellern angesprochen. Ein Etikett auf der Innenseite ist wegen des feineren Blusenstoffs leider nicht möglich, und auf eine Innentasche wird mit Rücksicht auf unser Figurbewusstsein verzichtet. Aha. Es ist noch ein langer Weg.

Fleißaufgaben

Die Verteilung von Fleißaufgaben ist im hierarchischen System klar geregelt: Sie werden von den rangniedersten Mitarbeiter:innen oder in zuarbeitenden Stabsstellen übernommen, von Kräften, die speziell dafür beschäftigt und entlohnt werden.

Das ist der Grund, warum wir auch heute noch einen höheren Frauenanteil in Stabsstellen haben. Zuarbeiten werden uns zugetraut. Ein schönes Beispiel dafür fand ich unlängst bei zwei Unternehmen: Bei dem ersten handelt es sich um ein Medienhaus mit starken Zeitungen. Die Redaktion war männerdominiert, während es im Vertrieb mehr Frauen gab – bis auf die Vertriebsleitung. Die hatte ein Mann inne. Aber ansonsten stand der Vertrieb für Frauen offensichtlich offen, weil er in diesem Unternehmen nicht als Linienfunktion wahrgenommen wurde. Linie, das war die schreibende Zunft.

Kurz danach war ich bei einem Versicherungsunternehmen. Hier galt der Vertrieb als Linienfunktion, und was soll ich sagen: männerdominiert. »Bei uns haben es Frauen im Vertrieb eher schwer. Das liegt den Männern besser, die sind irgendwie verhandlungsstärker.«

Jahrelang war es so, wenn eine Frau zur Vorständin berufen wurde, dann meist im Bereich Personal. Inzwischen oft im Bereich Compliance. Beides sind bei den allermeisten Unternehmen keine Linienbereiche.

Dabei lohnt es sich für Frauen, in die Linie zu gehen, da hier in vielen Unternehmen messbare Ergebnisse erzielt werden! Und plus fünf Millionen sind eben plus fünf Millionen. Allerdings haben Frauen dann noch mit einer weiteren Herausforderung zu kämpfen: Erzielt der Kollege plus fünf Millionen, dann ist er meist zu Höherem berufen. Erzielt die Kollegin plus fünf Millionen, heißt es oft: »Die ist genau richtig, wo sie ist.« Als ich dies bei einem Vortrag für die Führungsriege eines Konzerns erzählte, schlug sich der Vorstandsvorsitzende lachend auf die Schenkel und rief: »Genau so ist es!«

Trotzdem sind plus fünf Millionen in der Regel ein gutes Argument für eine Beförderung. Denn: Die Leistungsbeurteilung in Organisationen ist höchst subjektiv. Natürlich wird vermeintlich objektiviert. Aber diejenigen, die das Sagen haben, entscheiden subjektiv, wie sie eine Leistung bewerten. Und diese Bewertung findet sich dann auch in der Vergütung wieder. Dazu mehr an anderer Stelle.

Lassen Sie uns wieder an den Anfang zurückkehren: Im hierarchischen System gilt, dass der Rangniederste die Fleißaufgaben übernimmt. Ein hierarchisches Team funktioniert in etwa so wie ein Team bei der Tour de France: Es gibt einen, der für den Gesamtsieg fährt, einen für die Bergetappen, einen für die Sprints, einige, die das Feld nach vorn fahren, und es gibt die Wasserholer. Alle sind wichtig für den Erfolg, alle müssen in ihrer Rolle das Beste geben. Denn wenn der oder die für das Wasser Verantwortliche nicht rechtzeitig vorn beim Team ankommt, gibt es ein Problem. Aber natürlich hat die Person, die für den Gesamtsieg fährt, mehr zu sagen als etwa die Wasserholer im Team.

Selbstverständlich kann ich mich jedoch hocharbeiten: Wenn ich ein paarmal zuverlässig das Wasser nach vorn gefahren habe, darf ich irgendwann das Feld nach vorn fahren. Wenn ich diese Aufgabe gut gemeistert habe, kann ich auch anfragen, ob ich bei günstiger Gelegenheit nicht einmal einen Ausreißversuch wagen darf. Und sollte dieser erfolgreich sein, dann empfehle ich mich vielleicht für noch Höheres. Alle sind wichtig, aber es gibt eine Hierarchie.

Seien Sie daher achtsam, dass Sie keine Fleißaufgaben übernehmen, wenn Sie nicht die Rangniederste im Team sind. Oft wird versucht, Frauen Fleißaufgaben zuzuschanzen. Simples Beispiel: Sie sitzen mit Kolleginnen und Kollegen in einer Besprechung, und jemand muss schriftliche Notizen machen. Ein Kollege schaut Sie an und sagt: »Ihr habt doch immer die schönere Handschrift. Schreib du mal.«

Tun Sie das nicht! Verstehen Sie mich nicht falsch: Wenn alle mal mit Mitschreiben dran sind, dann mache ich das natürlich ebenfalls. Aber ein Teamplayer zu sein heißt nicht, der Depp vom Dienst zu sein! Sollte Sie demnächst wieder ein Kollege bitten, wegen der schöneren Handschrift mitzuschreiben, dann können Sie ja freundlich entgegnen: »Weißt du was – Übung macht den Meister. Jetzt kannst du üben.«

Sollten Sie selbst Chefin eines gemischten Teams sein, dann achten Sie doch einmal darauf, ob nicht auch Sie dazu neigen, Fleißaufgaben eher an Ihre Mitarbeiterinnen zu delegieren. Nach meiner Beobachtung ist dies oft der Fall, da viele die Erfahrung gemacht haben: Wenn ich Alexander darum bitte, muss ich mir eine halbe Stunde lang anhören, warum er das auf gar keinen Fall auch noch zusätzlich schafft. Wenn ich Lukas darum bitte, erhalte ich es dreimal fehlerhaft zurück. Aber wenn ich Laura bitte, dann wird es klaglos und fehlerfrei gemacht. Das ist für Sie als Chefin natürlich gut, aber unter Umständen nicht für die weitere Entwicklung Lauras.

Eine Beraterin erzählte bei einem Folgetraining, dass

sie den Rat »Fleißaufgaben meiden« sofort nach dem Training in die Tat umgesetzt habe. Sie hatte bereits zweimal die Organisation für eine große jährliche Veranstaltung übernommen. Viel Arbeit, wenig Prestige und Anerkennung. Diese Aufgabe hatte sie sofort nach dem Training abgegeben und angeboten, stattdessen die Podiumsdiskussion mit den Partnern zu führen. Wenig Arbeit, viel Prestige und Anerkennung!

Wenn ich mit wissenschaftlichen Mitarbeiterinnen über dieses Thema spreche, fällt ihnen oft auf, dass sie viel Zeit mit dem Korrigieren von Hausarbeiten verbringen, während die Kollegen die Professor:innen zu Kongressen begleiten.

»Wenn es denn unbedingt gemacht werden muss, dann mache ich es eben, wenn es sonst niemand tun will.« Das ist ein ganz typischer Satz von non-hierarchisch sozialisierten Menschen. Sollten Sie in einer Situation diesen Gedanken haben, dann sprechen Sie ihn nicht aus! Denn der Teil »wenn es sonst niemand machen will« ist ein sicheres Warnsignal, dass in der Aufgabe wenig Ruhm und Ehre liegen.

Sollten Sie zu den Menschen gehören, denen es schwerfällt, »Nein« zu sagen, dann hilft vielleicht diese kleine Geschichte aus meinem Leben:

Mit Mitte zwanzig war ich als junge Führungskraft im Talentpool der Organisation und hatte einen vollen Schreibtisch mit Aufgaben, die angeblich alle sehr wichtig und viele zudem dringlich waren. Eines Tages erhielt ich einen Anruf meiner Arztpraxis, verließ diesen Schreibtisch – und sah ihn anderthalb Jahre nicht wieder, da ich schwer an Krebs erkrankt war.[14]

Als ich 18 Monate später wieder vor meinem Schreibtisch stand, sah er aus, als hätte ich ihn erst gestern verlassen. Meine ganzen so wichtigen und unaufschiebbaren Aufgaben lagen noch immer völlig unberührt darauf. Dieser Anblick war für mich ein großer Erkenntnisgewinn. Ich beschloss, künftig allein zu entscheiden, was wichtig und dringlich ist – und alles andere erst einmal liegen zu lassen. Auf diese Weise konnte ich zwei Monate später ganze Stapel unbearbeiteter Aufgaben, bei denen niemand nachgehakt hatte, schlicht im Papierkorb entsorgen.

Und natürlich klingt es etwas unkollegial, einfach »Nein« zu sagen. Aber der Satz »Ich würde es wirklich gern übernehmen, habe allerdings leider keine Zeit, da ich gerade noch wichtige Unterlagen für die Vorstandssitzung bearbeiten muss« funktioniert in der Regel.

Tue Gutes und rede darüber

Menschen, die im non-hierarchischen System sozialisiert wurden, fällt das nicht so leicht. Sie sind es gewohnt, einen Beitrag zu leisten, ohne es an die große Glocke zu hängen, da dies schließlich von allen erwartet wird. Und sollte es in diesem System jemand wagen, den eigenen Beitrag hervorzuheben, wird dies von anderen schnell sanktioniert. Im hierarchischen System muss ich über meinen Erfolg sprechen – als Beitrag zum Teamerfolg. Das lässt sich bei Fußballer-Interviews nach dem Spiel gut beobachten: »Ich freue mich natürlich sehr, dass ich mit meinen drei Toren hilfreich für das Team war.«

Mein Erfolg als Beitrag zum Teamerfolg. Ich betone das Wort »Erfolg«, da Frauen oft über ihre »Erfahrung« sprechen. Zum Beispiel, wenn es um gute Gründe für eine Beförderung geht. Aber was nützt hier Erfahrung? Ich kann doch zehn Jahre Erfahrung im Einkauf haben und habe dort immer nur Geld verbrannt. Erfolge zählen. Dafür werden wir bezahlt.

Und viele sprechen, wenn sie denn über Erfolge sprechen, von »wir«. »Wir haben es geschafft, den Umsatz in den letzten zwei Jahren um zehn Prozent zu steigern.« Wer ist »wir«? Sollten Sie die Chefin sein und ungern »ich« sagen, dann sagen Sie lieber: »Unter meiner Leitung ist es dem Team gelungen, die Umsätze in den letzten zwei Jahren um zehn Prozent zu steigern.« Oder: »Unter meiner Leitung ist es dem Team gelungen, neue Prozesse zu entwickeln, die jetzt weltweit zum Einsatz kommen und maßgeblich dazu beitragen, dass wir unsere Produktionskosten absenken können. Wenn alles nach Plan läuft, um fünf Prozent.« Auf diese Weise wird deutlich, dass Sie die Verantwortung tragen und dass es eine Teamleistung war.

Sollten Sie nicht in einer Führungsposition sein, können Sie Ihren Beitrag dennoch deutlich machen: »Ich habe im Projekt XY in meiner Rolle als X maßgeblich dazu beigetragen, dass wir den ersten Meilenstein *in time* und *budget* erreicht haben.«

Je konkreter Sie die Erfolge benennen können, desto besser. Sollte Ihnen dies schwerfallen, dann empfehle ich, sich (mindestens) einmal im Monat die Zeit zu nehmen, um die eigenen Erfolge zu notieren. Und auch laut auszusprechen. Üben Sie, ruhig und sachlich über Ihre Erfolge zu sprechen. Nicht angeben! Dieses »Ich bin die Größte, ich bin die Beste« fällt in aller Regel in den negativen Grenzbereich. Nennen Sie ruhig und sachlich die Fakten. Denn um solche handelt es sich schließlich.

Befragt nach ihrer Leistung, geben viele Frauen auch an, dass sie von ihren Teams gute Rückmeldungen erhalten und immer auch Wert auf eine gute Stimmung legen. Nun werden allerdings die wenigsten Führungskräfte für gute Stimmung bezahlt – die ist Mittel zum Zweck für gute Ergebnisse!

Bei non-hierarchisch sozialisierten Menschen lautet die professionelle Einschätzung eines Menschen oft: »ein feiner Mensch und erfolgreich«. Bei hierarchisch sozialisierten: »sehr erfolgreich und ein feiner Mensch«.

»Der [Kevin Trapp] verriet jetzt nämlich der Bild-Zeitung, wie Manuel Neuer sich zuletzt von seiner ganz kollegialen und menschlichen Seite gezeigt hat. Nachdem sich Trapp bei einem Werbe-Dreh bei der U21-Nationalmannschaft auf kuriose Art und Weise die Mittelhand gebrochen hatte, schickte Neuer sogleich Genesungswünsche nach Frankfurt. Trapp begeistert: ›Das finde ich super von ihm. Es ist nicht selbstverständlich. Ich habe mich sehr darüber gefreut. Er ist ein wirklich klasse Torwart und anscheinend ein echt netter Kerl.‹«[15]

In einer Organisation zählt eben zuerst einmal der Erfolg.

Ich beobachte seit Langem, dass Frauen sich stärker mit ihren Teams beschäftigen und weniger mit der Absicherung nach oben. Das ist aus Sicht einer Organisation auch gut, da Frauen durch ihren Führungsstil oft sehr gute Ergebnisse erzielen. Und so langsam gibt es auch Studien, die diese Beobachtung einer erfolgreichen Teamführung ebenfalls zeigen.[16, 17]

Noch besser wäre es aber für die Organisationen, wenn diese Frauen ihre Führungsqualitäten auf einer noch höheren Ebene erfolgreich einsetzten. Und dafür ist es wichtig, neben der exzellenten Teamführung auch immer einen engen Draht »nach oben« zu halten und vor allem die guten Teamergebnisse sichtbar zu machen. Damit verdeutlichen Sie, dass Sie auf der nächsten Ebene von noch größerem Nutzen für die Organisation sein könnten.

Zu häufig argumentieren Frauen aus ihrer Sicht heraus: »Ich möchte mich weiterentwickeln«, »Ich möchte den nächsten Schritt gehen«, »Ich wünsche mir mehr Verantwortung«. Nun sehen es viele Organisationen aber so, dass sie uns für unsere Leistung bezahlen und nicht dazu da sind, unsere Wünsche zu erfüllen. Deshalb wäre es zielführender, etwa so zu argumentieren, wenn Sie eine Beförderung anstreben: »Meine Ergebnisse der letzten Jahre haben gezeigt, dass ich mein Gebiet beherrsche und bereit bin, mehr Verantwortung innerhalb der Organisation für Sie zu übernehmen.« Wäre ich die Chefin, würde ich eher einen Nutzen für mich erkennen, wenn ich diese Mitarbeiterin befördere.

Ganz verwirrt zeigte sich mir gegenüber einmal ein Deutschlandchef einer Sozietät. Er hatte sich zu einem Perspektivgespräch mit ausgewählten Anwältinnen der Sozietät bereit erklärt. Und fast alle fragten ihn, was die Sozietät bereit wäre für sie zu tun, damit sie vielleicht eines Tages Partnerin würden. Der Deutschlandchef hatte bislang fast ausschließlich Gesprächserfahrung mit Anwälten. Und die fragten immer ihn, was *sie* tun müssten, um eines Tages vielleicht Partner zu werden.

Nun ist es ja gut, wenn immer mehr Frauen auch formulieren, wenn etwas an ihrem Umfeld für sie systematisch nicht passt und bestenfalls auch Vorschläge machen, wie es besser laufen könnte. Aber die Argumentation greift besser, wenn mein Gegenüber für sich selbst einen Nutzen erkennen kann.

»Tue Gutes und rede darüber« gilt auch für den

Small Talk mit Kolleginnen und Kollegen. Non-hierarchisch Sozialisierte reden auch gern über Probleme, denn die verbinden so schön! Ich habe ein Problem, sie hat ein Problem – Verbindung steht.

Aber Achtung: In Organisationen wird geratscht und getratscht. Und wenn ich über die Gänge laufe und von Problemen berichte, dann multiplizieren meine Kolleginnen und Kollegen fröhlich »Marion/Problem«. Ich werde zum Bestandteil eines Problems, oder ich werde zum Problem.

Besser: Legen Sie sich auf dem Weg zur Arbeit eine Nachricht des Tages zurecht. Überlegen Sie, ob es irgendetwas Positives aus Ihrem Verantwortungsbereich zu berichten gibt. Meist findet sich etwas, wenn Sie bewusst darüber nachdenken.

Sie gehen den Gang entlang und begegnen einem oder einer Ranghöheren, der oder die Sie auch anspricht: »Frau Müller, schön, Sie mal wieder zu sehen. Wie geht es Ihnen?«

»Danke, gut. Und Ihnen?«

Was nimmt der andere mit? Nichts.

»Frau Müller, schön, Sie mal wieder zu sehen. Wie geht es Ihnen?«

»Ach, Sie werden ja bestimmt schon gehört haben, dass wir riesige Probleme haben seit der Systemumstellung. Wir haben großen Rückstau, aber die Truppe ist sehr motiviert. Ich bin zuversichtlich, dass wir das bis Ende der Woche abgearbeitet haben werden – wegen

Überstunden muss ich vermutlich demnächst auf Sie zukommen.«

Was nimmt der oder die Ranghöhere mit? Nie wieder fragen!

»Frau Müller, schön, Sie mal wieder zu sehen. Wie geht es Ihnen?«

»Bestens! Sie haben es ja vielleicht schon gehört: Letztes Quartal wieder drei Prozent plus – läuft.«

Kurze, konkrete Erfolgsbotschaften. Deren Wirkung kann man gar nicht hoch genug einschätzen, da sie eben über die Gänge, über die Etagen weitergegeben werden und sich multiplizieren.

Diese Art der Kommunikation hilft auch besonders Müttern. »Frau Müller, lange nicht gesehen, wie geht es Ihren Kindern?«

»Gut, alles bestens. Übrigens haben wir gestern den neuen Kunden gewonnen, von dem ich Ihnen berichtet hatte.«

Laufen Sie nicht in die »Frage nach den Kindern«-Falle hinein! Alle stereotypen Vorurteile, die uns als Frau den Aufstieg eh schon erschweren, werden verstärkt, wenn das Gegenüber nicht nur »Frau«, sondern auch »Mutter« denkt. Daher ist es für Mütter ganz besonders wichtig, den Fokus immer auf ihren Beitrag zum Erfolg der Organisation zu lenken.

Kritik

Auf der Fläche haben sich mehrere Menschen versammelt, die Stimmung ist explosiv – ein regelrechter Aufruhr: »Das geht so nicht weiter!« – »Das muss man dem mal sagen!« – »In der nächsten Teamrunde, da sprechen wir das an!«

Bei der Gruppe handelt es sich um sieben Männer und eine Frau. Und jetzt tippen Sie mal, wer das kritische Thema bei der nächsten Teamrunde gegenüber dem Chef anspricht? – Richtig, die Frau. Und wer schaut derweil mit ausdrucksloser Miene auf den Tisch? Die sieben Kollegen.

Als ich eine Situation dieser Art unlängst bei einem Training schilderte, rief eine Geschäftsführerin laut aus: »Ach, deswegen schicken die mich immer vor! Immer wenn ein schwieriges, kritisches Thema mit dem Beiratsvorsitzenden zu besprechen ist, kommen meine Geschäftsführungskollegen zu mir und bitten mich, diese heikle Mission zu übernehmen, weil ich als Frau so einen besonderen Draht zu dem Vorsitzenden hätte. Und das habe ich dann auch gemacht. Allerdings hatte ich bislang nicht den Eindruck, dass mir dies vom Beiratsvorsitzenden gedankt würde – ganz im Gegenteil. Von wegen ›Du kannst das so gut‹ – die schicken mich nur vor, weil sie sich selbst nicht die Finger verbrennen möchten!«

Non-hierarchisch sozialisierte Menschen neigen aufgrund ihrer Sachorientierung eher dazu, Ranghöheren auch »mal die Meinung zu geigen«, da es ja schließlich um die Sache geht.

Kritik ist im hierarchischen System immer ein heikles Thema. Viele ranghohe Menschen sind sehr sensibel, wenn es um ihre eigenen Belange geht, und reagieren auf Kritik selten dankbar, da sie oft als Angriff auf die eigene Position interpretiert wird. Verstehen Sie mich nicht falsch: Konstruktive Anregungen nehmen viele gern auf. Vor allem unter vier Augen und wenn diese Anregungen respektvoll vorgetragen werden.

Ich kann mir von Ranghöheren auch immer etwas wünschen: »Chefin, ich möchte beim nächsten Mal meine eigene Arbeit gern selbst in der Abteilungsleitungsrunde vorstellen.« – »Glauben Sie mir, es ist nur zu Ihrem Besten, wenn ich das mache. Außerdem wäre es organisatorisch schwierig, weil man nie genau weiß, wann welches Thema besprochen wird.« – »Aber ich leite dieses Projekt und würde mir wirklich wünschen, dass Sie mich beim nächsten Mal zumindest mit dazuholen. Ich halte mich auch gern auf Abruf bereit.«

Wünschen, auch nachdrücklich wünschen, kann ich mir immer etwas. Ob es dann klappt, steht natürlich auf einem anderen Blatt.

Aber ranghöhere, insbesondere sehr ranghohe Menschen zu kritisieren kann für einen selbst sehr schnell gefährlich werden. Und wie gesagt: Frauen neigen aufgrund ihrer Sachorientierung eher dazu. Eine Professorin berichtete unlängst, dass sie eine Situation im Fakultätsrat erlebt habe, bei der ihr »die Hutschnur riss«, und sie sagte dem Dekan deutlich, was ihrer Meinung nach gesagt werden musste. Und obwohl sie wusste, dass einige ihrer Kollegen ihre Meinung teilten, sprang ihr niemand bei. Stattdessen herrschte gefühlt minutenlang betretene Stille, und niemand wagte, sie anzuschauen.

Anstatt den Dekan in der Sitzung öffentlich anzugreifen, wäre es erheblich geschickter gewesen, eine Allianz für das Thema zu schmieden und den Dekan in kleiner Runde außerhalb des Fakultätsrats ins Boot zu holen. So stand sie erst einmal auf verlorenem Posten, weil die Kollegen sich nicht mit dem Dekan anlegen mochten.

Ähnlich erging es einer jungen Frau, die als Vertretung der wissenschaftlichen Mitarbeiter:innen am Fakultätsrat teilnahm: Sie biss dort ständig auf Granit und holte sich mit ihren Themen eine Abfuhr nach der anderen. Nachdem sie die Situation geschildert hatte, stellten wir die Sitzung des Fakultätsrats nach, und ich filmte sie. Anschließend schauten wir uns das Video gemeinsam an und analysierten, wie die Reaktionen auf ihr sehr konfrontatives Verhalten ausfielen. Die Postdoktorandin, die den Dekan spielte, war in ihrer Rolle grandios.

Im Folgenden sprachen wir über kollaborativere

Handlungsoptionen und spielten die Szene noch einmal durch. Und siehe da: Auf einmal strahlte der »Dekan« und äußerte sich sehr wohlwollend über die Zukunft der Wissenschaft am Tisch.

Danach saß die junge Frau grübelnd an ebendiesem Tisch und sagte: »Ich sehe das Ergebnis und verstehe Ihren Rat. Aber das bin doch nicht ich! Wenn ich der Meinung bin, dass etwas nicht richtig läuft, dann will ich es auch direkt ansprechen.«

»Das verstehe ich. Der Punkt ist, dass Sie beim ersten Mal Ihr Ziel, etwas zu verändern, komplett verfehlt haben, während Sie beim zweiten Mal die gewünschte Veränderung erreicht haben. Vielleicht hilft Ihnen ein Satz, den mir der exzellente Coach Jens Corssen einmal mit auf den Weg gegeben hat: ›Wollen Sie recht haben, oder wollen Sie erfolgreich sein?‹ Beim ersten Mal wollten Sie recht haben, beim zweiten Mal waren Sie erfolgreich in Ihrer Rolle, die Interessen ihrer Kolleg:innen zu vertreten. Vielleicht hilft Ihnen ja das Beantworten dieser Frage in Zukunft in ähnlichen Situationen.«

Eine ganze Zeit später erhielt ich eine Dankesmail von dieser Frau.

Wenn wir sonst schon nichts haben, dann wollen wir zumindest recht haben. Das kann ja auch mal sehr erfrischend sein. Aber hilfreich ist es im professionellen Kontext selten.

Pick your fights – wählen Sie Ihre Kämpfe mit Bedacht. Man sollte sich nicht an zu vielen Fronten aufreiben.

Und man kann Kämpfe auch verlieren. Und lassen Sie sich vor allem nicht von anderen vor deren Karren spannen.

Ich hatte das große Glück, dass mir mein Vater diesen Rat schon früh mit auf den Weg gegeben hat. Das hat mich nie davon abgehalten, für Themen zu kämpfen, die aus meiner Sicht den Kampf wert waren. Aber er hat mich vor vielen Fallen bewahrt. Ergänzt wurde dieser Rat später durch den Rat meines Mentors: »Wen man nicht besiegen kann, den muss man umarmen. Und wenn man selbst stark genug geworden ist, dann zerquetschen.«

Das klingt für viele vermutlich zunächst einmal abscheulich brutal. Aber ich konnte dieses Vorgehen bei meinem Mentor mehrfach, und stets von Erfolg gekrönt, beobachten. Als ein neuer Direktor von außen in den Konzern kam, genoss dieser zunächst die volle Rückendeckung des Vorstandsvorsitzenden. Mein Mentor hielt diesen Direktor für einen Blender. Ich auch. Aber aufgrund der politischen Lage arbeitete er nach außen hin geradezu vorbildlich mit dem neuen Direktor zusammen, während er im Hintergrund Munition gegen ihn sammelte.

Nach einiger Zeit begann mein Mentor, bei anderen Direktoren und Vorständen leise Zweifel bezüglich der Kompetenz des neuen Direktors zu säen. Man sehe halt, dass es für einen Externen schon eine große Aufgabe sei, sich in die Organisation einzuarbeiten. Er habe großen Respekt vor dieser Aufgabe und sei natürlich jederzeit bereit, den Neuen zu unterstützen, da ja doch offensichtlich werde, dass es an der einen oder anderen Stelle knirsche… Man hilft ja immer gern, wo man kann.

Zu guter Letzt ging die Saat auf, mein Mentor hatte genügend Truppen um sich geschart, und der Neue verließ nach einem Frontalangriff den Konzern. Kriegstaktik.

Jetzt werden einige denken: Aber in einem solchen Umfeld möchte ich auf gar keinen Fall arbeiten. Das muss ja auch niemand. Doch in vielen größeren Organisationen wird man mit solchen oder ähnlichen Situationen konfrontiert! Ob man möchte oder nicht. Ich persönlich sehe einen großen Unterschied darin, ob man derartige Spiele einfach aus Lust heraus spielt oder um sich gegen Angriffe zu verteidigen. Hätte mein damaliger Mentor sofort öffentlich auf die fehlende Kompetenz des Neuen hingewiesen, was sachlich, fachlich völlig richtig gewesen wäre, hätte er es sich mit dem Vorstandsvorsitzenden verscherzt. Aus meiner Sicht kann man aus dieser Geschichte viel lernen.

Respektvoll – aber klar in der Sache

Im non-hierarchischen System wird oft indirekt kommuniziert, um etwaige Abgrenzung zu vermeiden, zum Beispiel: »Ich finde, wir sollten es so und so machen, oder?«

»Komma, oder?« – der Klassiker. Und innerhalb dieses Systems ist dieses Verhalten auch klug. Durch »Komma, oder?« biete ich meiner Gesprächspartnerin an, eine andere Meinung oder Position zu haben, ohne die Verbindung zu gefährden. Ein wichtiges Ziel in diesem System ist es, dazuzugehören, gemocht zu werden. Deswegen fühlen sich viele Frauen geradezu persönlich verletzt, wenn sie auf ihre Vorschläge ein »Nein« hören. Aber ein »Nein« im professionellen Kontext muss gar nichts mit mir zu tun haben. Nicht jetzt, nicht mit diesen Argumenten, nicht mit den aktuellen Rahmenbedingungen – das kann morgen, in einer Woche, in einem Monat ganz anders aussehen. Ein klares »Nein« im non-hierarchischen System wird meist als persönliche Ablehnung verstanden, da hier im Grundsatz alles ausverhandelt wird. Und die persönliche Ablehnung ist sehr gefährlich, da sie zu einem Ausschluss aus der Gruppe führen könnte. Es entspräche der gesellschaftlichen Ächtung, die für uns Menschen als Gemeinschaftswesen eine schlimme Strafe darstellt.

Wenn einem das Verhalten eines Menschen innerhalb dieses Systems nicht gefällt, wird selten in den direkten Konflikt gegangen. Stattdessen wird die Person eher geschnitten, und man wendet sich stärker anderen zu. »Nicht wahr, Laura: Da wird die Sophie schon merken, was sie davon hat, wenn sie sich verhält, wie sie sich verhält.« Es wird indirekt sanktioniert. Führungskräfte, die eine reine Sachbearbeiterinnengruppe führen, kennen meist Szenen wie diese: »Also, bei Frau Müller gehe ich nicht ans Telefon.« Führungskraft: »Aber laut Stellenbeschreibung sind Sie verpflichtet, an jeden Apparat zu gehen, der zwischenzeitlich nicht besetzt ist.« – »Ja, aber nicht bei Frau Müller.« Offensichtlich ist Frau Müller dann gerade Zielscheibe dieser indirekten – man könnte auch sagen, sehr harten – Sanktionen.

Zu diesem indirekten, trennungsvermeidenden Verhalten gehört auch, dass viele Frauen dazu neigen, sich ausgiebig zu erklären – ohne sich darüber bewusst zu sein, dass dies im professionellen Kontext eher störend wirkt.

Ein Beispiel: Infolge von Corona sitzen die meisten meiner Kundinnen zu Hause und müssen täglich an Videokonferenzen teilnehmen. Bei meinen Kundinnen handelt es sich in der Regel um erfahrene Führungskräfte. Auch in diesem Format ist das Thema Unterbrechungen durch Kolleginnen und Kollegen natürlich relevant. Also üben wir in jedem Online-Training, diese Unterbrechungen zu vermeiden.

Im Gegensatz zum Präsenz-Meeting hilft es hier natürlich nicht, einfach nur den Blickkontakt zur Nummer eins zu halten, da dies online nicht möglich ist. Daher muss man in diesem Format den Störer oder die Störerin durch Nennung des Namens sofort direkt blocken und dann unverzüglich die Eins namentlich adressieren: »Alexandra, gib mir noch zehn Sekunden – Andrea, noch einmal zum Thema Umsatz: Wir sollten…«

So die Empfehlung, dann folgt die Übung. Eine Teilnehmerin mimt die Chefin, eine andere spricht zu ihr, und eine dritte soll unterbrechen.

Ich bin mir ganz sicher, dass alle dachten: Ja, klar, easy. Dann üben wir. Was passiert in über 90 Prozent der Fälle? Die Störung kommt, und die Sprecherin reagiert: »Entschuldigung! Entschuldigung! Wenn ich hier meinen Punkt bitte erst einmal ausführen könnte. Das wäre wirklich schön!«

Ich gehe dazwischen und frage die Störerin Alexandra und die Chefin, wie sie die Situation erlebt haben. Alexandra: »Ich habe mich gar nicht angesprochen gefühlt.« Chefin: »Das hat irgendwie genervt.« Mein Hinweis: »Wirklich nur kurz namentlich blocken und sofort wieder die Eins adressieren.«

Zweiter Versuch. Die Teilnehmerin spricht, Alexandra geht dazwischen. Teilnehmerin: »Alexandra, gib mir noch eine Minute. Ich möchte meine Gedanken nur kurz zu Ende bringen. Wenn ich fertig bin, dann kannst du gerne. Ich fänd' es wirklich schön, wenn wir hier alle ausreden könnten.«

Ich unterbreche und frage, wie diese Reaktion ankam. Alexandra: »Jetzt war ich sofort still. Aber die ganzen Erklärungen hätte es nicht gebraucht.« Chefin: »Ich bin etwas genervt, dass hier jetzt irgendwie Streit ist.«

Dritter Versuch: Diesmal gelingt es. »Alexandra – gib mir noch ein paar Sekunden – Andrea, zum Thema Umsatz...«

Ich frage, wie es diesmal war. Alexandra: »Völlig okay.« Chefin: »Völlig okay, keine Störung.«

Die Teilnehmerin fragt in die Runde: »Echt? Fandet ihr das nicht krass unhöflich?« Und alle, auch die nur beobachtenden Teilnehmerinnen, melden unisono zurück, dass die dritte Variante sie überzeugt hat, da der Gesprächsfluss kaum gestört wurde und kein Problem aufkam.

Ich habe dieses Beispiel so ausführlich geschildert, da sich diese unklare Form der Kommunikation in vielen Bereichen und unterschiedlichen Formen zeigt.

Gespräche, in denen Kritik geübt werden soll, sind auch ein Beispiel. Vielen, vor allem jungen Frauen, fällt es oft schwer, klar zu benennen, welches Verhalten sich beim Gegenüber ändern soll. Beispiel: Eine erfahrene, ranghöhere Beraterin ist sehr unzufrieden mit der Qualität einer Präsentation, die ihr ein neueres Mitglied im Team auf den Tisch gelegt hat. Sie bittet die Mitarbeiterin zum Gespräch. Und oft höre ich dann Formulierungen wie: »Wir müssen das einfach klarer formulieren. Der Kunde erwartet das von uns.«

Dann frage ich die Adressatin: »Was ist bei dir angekommen?« – Antwort: »Kann ich nicht so genau sagen.« Ratloser Blick.

»Wir sollten« – wer ist »wir«? Machen Sie klare Ansagen! Schließlich möchte die ranghöhere Beraterin die Arbeit ja nicht selbst erledigen. Ihre Erwartung ist, dass ihr Gegenüber den Job besser macht. Also empfehle ich eine klare Ansprache. Nicht »wir«, sondern »du« oder »Sie«. – »Aber ist das nicht zu krass? Fühlt sich mein Gegenüber dadurch nicht sofort angegriffen?«

Wir probieren es aus. Zum Beispiel: »Ich erwarte von dir als kompetenter Beraterin, dass du die Kernbotschaften in der Überschrift auf den Punkt bringst. Das ist wichtig, damit der Kunde deine Präsentation versteht, und es gibt auch dir Orientierung bei der Präsentation.« Frage an die Adressatin: Kannst du damit etwas anfangen? – »Ja.« Fühlst du dich unangemessen angegangen? »Nein, wieso? Ich verstehe ja, warum es für den Kunden wichtig und auch für mich hilfreich ist.«

Das vermeintlich so gut gemeinte »wir« war also nicht nur nicht hilfreich für die Führungskraft, sondern auch nicht für die Mitarbeiterin.

Direkt und klar zu kommunizieren heißt nicht, dem Gegenüber unfreundlich zu begegnen. Das Entscheidende ist meine Grundhaltung: Wenn ich meinem Gegenüber mit Respekt gegenübertrete, dann sind klare Worte, Handlungsempfehlungen oder gegebenenfalls Anweisungen immer hilfreich. Indirekte Formulierungen verwirren nur. Und eine respektlose Haltung ist immer ein Problem.

Und es hilft auch nicht, Konflikten im Job aus dem Weg zu gehen! Gerade hatte ich wieder das Beispiel einer Managerin, die mit dem ganz großen E-Mail-Verteiler von ihrem Kollegen angeschossen wurde. Die Situation war schon einige Wochen her, aber sie ärgerte sich immer noch darüber. Vor allem über ihre eigene Reaktion: Weil ihr das alles zu blöd war, hat sie trotzdem einfach ihren Job gemacht und diesem Rüpel damit professionell auch noch geholfen, ohne auf seinen Affront zu reagieren. Aber wie gesagt: Es nagte noch Wochen später an und in ihr. Auch so kann man krank werden oder auf Dauer die Lust am Job verlieren.

Ich habe früher Handball gespielt. Das ist ein sehr körperbetonter Sport, in dem es klar geregelte, zum Spiel gehörende Fouls gibt. Und ich war und bin ein großer Fan von Fair Play. Aber ich habe auch eines beim Handball gelernt: Wenn dich jemand richtig *fies* foult, dann musst du noch härter zurückfoulen, damit dein Gegenüber versteht, dass es mit dir nicht einfach machen kann, was es will. Und wichtig: Niemals in der Verteidigung foulen! Da schauen die Schiedsrichter genau hin. Immer im Angriff. Ich habe niemals mit dem fiesen Foulspiel als Erste angefangen, aber ich bringe allen meinen Coachees bei, wie sie sich dieser Fouls erwehren können.

Um auf den konkreten Fall der Managerin zurückzukommen: Sie stand in der unverschämten Mail nur cc. Also wäre eine Möglichkeit gewesen, die Mail komplett zu ignorieren und keinen Arbeitsauftrag für sich abzuleiten, da sie ja eben nur in cc gesetzt war. Hätte sich der Bereichsleiter beschwert, dass sie auf seine Mail nicht reagiert habe, hätte sie verwundert entgegnen können: »Ach, die Mail war an mich gerichtet? Da ich nicht direkt adressiert war, habe ich das gar nicht wahrgenommen. Richten Sie Ihr Anliegen doch gern noch einmal direkt an mich, dann schaue ich sehr gern, was ich für Sie tun kann.«

Und ein besonderer Dank geht an: Horst Seehofer!

»Nun reagieren Sie doch nicht gleich so emotional!« Oder auch: »Wie die Kollegin ja gerade so emotional ausgeführt hat…« In derartigen Äußerungen manifestiert sich ein Gemisch aus hierarchischem und patriarchalischem Gehabe, stereotypen Vorurteilen und Frauenbashing. Es wird gern eingesetzt, um Frauen mundtot zu machen, wenn sie sich aufgrund ihrer starken Sachorientierung inhaltlich engagieren; oder zu Recht empfindlich reagieren, weil sie das Verhalten ihrer Umgebung als sehr ungerecht empfinden.

Über lange Zeit galt es sozusagen als »erwiesen«, dass Frauen das emotionalere Geschlecht sind und somit ungeeignet für die verantwortungsvollen und mitunter schwierigen Situationen, in denen es einen kühlen Kopf zu bewahren gilt.

Und dann kam der Sommer 2018 und mit ihm das Gefecht zwischen Angela Merkel und Horst Seehofer. Wer hier die Nerven und einen kühlen Kopf behielt, war die Kanzlerin, während Seehofer mal wütend attackierte, mal schmollte, sich in Formulierungen verbiss und mit Rücktritt drohte – um von dieser Drohung dann schnell wieder zurückzutreten. Keiner weiblichen Parteivorsitzenden wäre ein solches Verhalten von den Parteimitgliedern oder der Öffentlichkeit verziehen worden. Aber Seehofer hat als Minister immer noch ein hohes Amt inne.

Manchmal braucht es einfach auch öffentlichkeitswirksame Anschauungsbeispiele, um mit Vorurteilen aufzuräumen. Geschlechtsspezifische und genderspezifische Vorurteile existieren nach wie vor. Und sie wirken sich im Alltag aus.

Mein Coachee ist Anfang dreißig und seit einigen Monaten Bereichsleiterin im Konzern. Sie muss eine Abteilungsleitungsposition neu besetzen und hat sich einen etwas jüngeren Mitarbeiter ausgesucht, der in der Abteilung eines anderen Kollegen arbeitet. Für den jungen Mann wäre die Position eines Abteilungsleiters eine Beförderung. Wir nennen ihn mal Herrn X. Wie es sich gehört, geht sie mit ihrer Idee zu ihrem Direktor, um sich abzustimmen.

»Sie sind doch selbst noch sehr jung und zudem neu auf der Position der Bereichsleiterin. Sie können Herrn X in absehbarer Zeit doch gar keine weiteren Karriereschritte in Aussicht stellen. Gibt es keine Frau, mit der Sie die Position besetzen können?«

Sie können sich bestimmt vorstellen, wie erbaulich mein Coachee diese Aussage fand. Dem Direktor ist es in diesem Moment augenscheinlich nicht aufgefallen, ihr natürlich sofort: Frauen benötigen seiner Ansicht nach in seinem Direktionsbereich keine Aussicht auf weitere Karriereschritte in absehbarer Zeit, Männer schon. Nun kann man dem Direktor zugutehalten, dass er ja immerhin eine Bereichsleitungsposition (von fünf) mit einer Frau besetzt hatte – gefühlt also »einer von den Guten«. Nichtsdestotrotz offenbart sich hinter dieser Bemerkung natürlich sein Weltbild mitsamt seinen stereotypen Vorurteilen.

Ein anderes Beispiel: Ein Bundesland hatte ein Mentoringprogramm für junge Frauen durchgeführt. Ich war als Rednerin zur Abschlussveranstaltung eines Jahrgangs eingeladen. Vor mir sprach ein Bankvorstand, der einer der Schirmherren dieses Programms war. Er beendete seine Rede mit dem Satz: »Und nun wünsche ich Ihnen allen, dass Sie eine erfolgreiche Zukunft vor sich haben und es die ein oder andere vielleicht einmal bis zur zweiten Führungsebene schafft.« Verhaltener Applaus. Daraufhin betrat die Programmverantwortliche die Bühne, nahm das Mikro und sagte: »Lieber Dr. X, vielen Dank für Ihre Worte. Ich persönlich würde mich noch mehr freuen, wenn es die ein oder andere künftig bis zur Führungsebene eins schafft oder Vorstand wird wie Sie.« Tosender Applaus!

Die Programmverantwortliche erzählte mir zwei Tage später, dass dem Bankvorstand seine Worte zutiefst peinlich waren. Die beiden hatten danach miteinander gesprochen, und es stellte sich heraus, dass ihm gar nicht bewusst gewesen war, dass er sich Frauen auf Top-Ebene noch nicht einmal hatte vorstellen können!

Vorurteile haben es in sich, wenn es um die Karrierechancen von Frauen geht.

Eine von Expert:innen für Genderbias nach wie vor viel zitierte Studie von 1999 stammt aus den USA.[18] Für diese Studie wurden Bewerbungen für eine Juniorprofessur im Bereich Psychologie an verschiedene Universitäten versendet. Die Psychologie ist auch in den USA seit vielen Jahren ein Fach mit einem hohen Frauenanteil. Die Bewerbung war von extrem guter Qualität. (Ein echter Lebenslauf einer herausragenden Studentin.)

Die eine Hälfte der Bewerbungen wurde mit dem Namen »Brian Miller« verschickt, die andere Hälfte mit dem Namen »Karen Miller«. Die Namen wurden absichtlich so gewählt, dass beide gesellschaftlich auf derselben Ebene verortet waren. Die Inhalte der Bewerbung waren identisch, das Ergebnis war es nicht: Brian erhielt in 79 Prozent der Fälle eine Einladung, Karen nur in 49 Prozent. Das ist ein Unterschied von gut 60 Prozent!

60 Prozent mehr Zusagen für Brian. Stellen Sie sich vor, Sie hätten ab morgen 60 Prozent mehr Gehalt! Das ist ein gewaltiger Unterschied. Ein zweites Ergebnis dieser Studie war: Kritische Anmerkungen gab es bezogen auf Karens Unterlagen viermal häufiger: Kommentare wie »Dafür benötige ich Belege«, »Das soll sie vor Ort erst einmal demonstrieren«, »Das muss ich nachprüfen« etc. Nun ist es natürlich richtig, nicht alles blind zu glauben, sondern kritisch zu hinterfragen. Nicht korrekt aber ist, dass diese kritische Überprüfung bei Karen viel häufiger stattgefunden hat. Das einzig Ermutigende an dieser Studie ist, dass die »echte Karen« aufgrund ihrer Brillanz trotzdem erfolgreich ihren Weg weitergegangen ist.

Jetzt denken Sie sich vielleicht: 1999. Altes Jahrtausend. Die Zeiten haben sich geändert! Nein, haben sie nicht. Erst 2019 wurde eine Studie veröffentlicht, die zeigte, dass die Bewerbungsunterlagen von Frauen im Durchschnitt eine Note schlechter bewertet wurden als die von absolut vergleichbaren männlichen Bewerbern.[19]

In einer weiteren amerikanischen Studie ging es ebenfalls darum, die Geschlechtergerechtigkeit im Hinblick auf Bewerbungsverfahren zu prüfen. Diesmal sollten Probandinnen und Probanden die Position einer Polizeichefin/eines Polizeichefs besetzen, ein Posten, der nach wie vor männliche Stereotype wachruft, Fernsehkommissarinnen hin oder her.[20]

Es gab zwei Profile zur Auswahl. Das eine wies einen Schwerpunkt auf einer guten Aus- und Weiterbildung auf, das andere enthielt erheblich mehr Straßenerfahrung, hatte aber weniger Aus- und Weiterbildung vorzuweisen. Die Versuchsgruppe entschied sich für das Profil mit der besseren Bildung. Auf die Frage nach dem »Warum« antwortete sie, dass die Position eines Polizeichefs eine gute Aus- und Weiterbildung erfordere.

Dann wurden die Profile einer neuen Versuchsgruppe gezeigt. Im ersten Versuch wurde das »Bildungsprofil« mit einem männlichen Namen verwendet, das »Straßenprofil« mit einem weiblichen. Ergebnis: Der Mann erhielt die Zusage. Als die Forschenden nachfragten, warum, war die Antwort, dass der Kandidat die bessere Aus- und Weiterbildung habe. Das passte also.

Nun ging es in die zweite Runde: Die Profile wurden einer neuen Versuchsgruppe gezeigt, aber diesmal trug das »Bildungsprofil« einen weiblichen Namen und das »Straßenprofil« den männlichen. Und Sie ahnen es: Der Mann erhielt die Zusage. Als die Forschenden fragten, warum, lautete die Antwort: Na, für so eine Position braucht es schon auch viel Erfahrung von der Straße.

Die Anforderungen wurden also so zurechtgerückt, dass ja das Ergebnis herauskam, das zu den vorgefertigten Vorstellungen passt. Qualifikation hin oder her.

Man braucht aber nicht erst in die USA zu schauen. Der ehemalige Vorsitzende des Bundesverfassungsgerichts Hans-Jürgen Papier veröffentlichte im Juli 2014 ein Gutachten, das er für das Land Nordrhein-Westfalen erstellt hatte. Es ging darum, zu überprüfen, warum Frauen in den Führungspositionen des öffentlichen Dienstes noch immer stark unterrepräsentiert sind, obwohl doch seit Jahren gesetzlich vorgeschrieben ist, dass Frauen »bei gleicher Eignung, Befähigung und fachlicher Leistung bevorzugt zu befördern« sind.

Das Gutachten manifestierte, was Gleichstellungsbeauftragte seit Jahren beklagen: Die Anforderungen für eine Stelle werden eben so lange ausdifferenziert, bis der gewünschte männliche Kandidat definitiv besser geeignet ist. Der Fall einer gleichen Eignung wird so gezielt vermieden. Papiers Vorschlag bestand daher darin, die Ausdifferenzierung der Merkmale gesetzlich zu beschränken: »Frauen sind bevorzugt zu befördern, soweit ein Bewerber nicht eine offensichtlich bessere Eignung, Befähigung oder fachliche Leistung vorzuweisen hat.« Auf diese Weise würde »eine bis ins Detail gehende Ausschärfung der Leistungsmerkmale gesetzlich verhindert«.[21]

Das Thema hat also auch bei uns hohe Relevanz. Männer können von diesem Phänomen natürlich ebenfalls betroffen sein – wenn es zum Beispiel darum geht, die Stelle einer Erzieherin/eines Erziehers (m/w/d) zu besetzen. Da dieser Beruf noch überwiegend von Frauen ausgeübt wird, wirken sich stereotype Vorurteile negativ auf den Erfolg einer Bewerbung von Männern auf diese Position aus. Horst hatte und hat es schwerer, sich auf eine solche Stelle zu bewerben. Die Thematik betrifft also beide Geschlechter, die wirtschaftliche Wirkung ist für uns Frauen aber dramatisch anders. Denn genderspezifische Stereotype in Bezug auf Frauen wirken vor allem dort als Sand im Getriebe, wo es um Geld und Einfluss und um unsere Karrierechancen geht.

Noch einmal zurück zum öffentlichen Dienst: Dort gibt es mittlerweile Gleichstellungsbeauftragte. Die Abwehrschlachten, mit denen sich die Gleichstellungsbeauftragten (meist Frauen) täglich beschäftigen müssen, könnten ein eigenes Buch füllen.

Eine Methode, mit der man sie auszuschalten versucht, hat ein ehemaliger Kollege von mir einmal »MIDS« genannt und sehr erfolgreich eingesetzt: »Mit Informationen dicht sch(m)eißen«. Die Wortwahl stammt von ihm, nicht von mir. Wenn jemand unliebsame Anfragen an ihn richtete, hat er diese vorbildlich beantwortet, indem er eine Fülle von Datensätzen zur Verfügung stellte, durch die sich die andere Seite dann erst einmal durcharbeiten musste. Er hatte damit seine Pflicht erfüllt, und die anderen konnten zusehen, wo sie blieben.

In dieser Weise verfahren auch nicht wenige Behörden und Universitäten mit ihren Gleichstellungsbeauftragten: Man versucht sie mit möglichst kleinteiligen Aufgaben zu beschäftigen, damit sich im Großen und Ganzen bloß nichts verändert.

Ein letztes Lehrstück zum Thema stereotype Vorurteile liefern meine Erlebnisse auf einem Ärzte-Kongress. Die Chefärzt:innen der deutschen Unfallchirurgie und Orthopädie hatten mich eingeladen. Frauenquote: 1,5 Prozent. Ich stand also vor 247 Männern und drei Frauen.

Am Abend zuvor war ich mit einigen Chefärzten essen gewesen. Dabei schaute mich einer von ihnen freundlich an und sagte: »Also, in der Chirurgie, da haben es Frauen auch wirklich deutlich schwerer.« Ich schaute fragend zurück, und vor meinem inneren Auge erschienen schwere Bleischürzen, schweres Gerät etc. Er: »Frauen können ja sehr viel schlechter räumlich und logisch denken. Das kennen wir ja vom Einparken«.

Ich habe nichts dazu gesagt. Am nächsten Morgen erzählte ich auf der Bühne vor allen diese kurze Geschichte und zeigte dann kommentarlos einen kurzen Film, in dem ein kleines Mädchen mit seinem Dreirad genauso rasant und cool einparkt wie die Blues Brothers. Lautes Lachen, viel Applaus – und auch dem besagten Chefarzt hat's gefallen. Das Top-Thema in den Pausen dieses Kongresses war übrigens das »Problem« des hohen Frauenanteils an Medizinstudent:innen. (Ein Studium der Humanmedizin ist aus volkswirtschaftlicher Sicht das teuerste Studium – zu teuer, wenn das Gros der Student:innen anschließend nur in Teilzeit arbeitet ...)

Frauen reagieren zu emotional, um wirklich wichtige Positionen besetzen zu können? Diese Aussage lässt sich nun wirklich nicht länger halten. Wir haben eine Bundeskanzlerin, die Europäische Union eine Kommissionschefin, und auch der Internationale Währungsfonds wird von einer Frau geführt.

Eine Anfang des Jahres durchgeführte Studie kam sogar zu dem Ergebnis, dass Männer im Job emotionaler reagieren als Frauen![22] Vor allem dann, wenn ihre Beiträge nicht gehört und ihre Leistungen nicht gesehen werden. Da diese Emotion jedoch meist »Wut« und damit etwas sehr männlich Konnotiertes ist, wird sie nicht weiter sanktioniert.

Don't fix the women, fix the system

Wichtig ist, noch einmal darauf hinzuweisen, dass es hier nicht darum geht, Frauen irgendwie zu »verbessern«, weil sie unzulänglich wären und »optimiert« werden müssten. Es geht lediglich darum, ihre Stärken noch wirksamer und erfolgreicher einsetzen zu können – mit dem Wissen, dass sich diese Frauen in der Regel in einer Umgebung behaupten müssen, in der noch immer zu wenige Frauen an der Gestaltung der Rahmenbedingungen und Spielregeln beteiligt sind. Und je mehr Einfluss sie in einer Organisation haben, desto größer wird ihr Einfluss auf das System.

Aber lassen Sie uns auch einen kurzen Blick auf »das System« werfen. Laura Liswood, die Gründerin des »Council of Women World Leaders«, einer Zusammenkunft von Regierungschefinnen zum informellen Austausch am Rande von Gipfeln u. Ä., äußerte den wunderbaren Satz: »*There's no such thing as a glass ceiling, there's just a thick layer of men*« – »So etwas wie eine gläserne Decke gibt es nicht, es gibt nur eine dicke Schicht von Männern.«

Besser kann man es nicht formulieren. Seit Jahren gab und gibt es Selbstverpflichtungen, beispielsweise der Wirtschaft, daran etwas zu ändern. Und was hat es gebracht? Nichts.

Vor einigen Jahren kam das Thema »Diversity« – also Vielfältigkeit, Verschiedenartigkeit – schwer in Mode. Aber es lässt sich feststellen: Diversity interessierte bislang kaum jemanden. Und wenn, dann stand der Begriff in den internationalen Konzernen oder an Universitäten für Männer aus anderen Ländern.

Gegensätze ziehen sich an? Sexuell vielleicht. Aber wenn es darum geht, stabile, verlässliche Gemeinschaften zu bilden, dann streben die meisten nach Partnerinnen oder Partnern, die ihnen ähnlich sind – man sucht nach seinesgleichen. Und man weiß, was gut ist an der eigenen Gruppe und eher nicht so toll bei den anderen. Sollten Sie vom Dorf kommen, erinnern Sie bestimmt, dass man beim Sport vor allem das andere Dorf vom Platz hauen musste. Aber wenn die Städter kamen, dann hielten die Dörfler zusammen, und es galt, die Städter vom Platz zu fegen. Anschließend konnte man wieder die Dorfrivalität pflegen.

Sollten Sie jetzt denken: Nein. Ich bin anders. Ich bin ganz entschieden ein Individualist oder eine Individualistin! Dann stehen die Chancen hoch, dass Sie viele andere Individualist:innen kennen. Die Gruppe der

Individualist:innen sozusagen. Menschen streben nicht nach Diversität, sondern nach Homosozietät. Das ist in der Gesellschaft so und natürlich auch in Organisationen.

Da helfen auch die vielen Artikel nicht, die »Diversity« immer wieder als Mehrwert für die Unternehmen beschwören. Artikel, die Studien zitieren, die belegen, dass diverse Vorstände (in diesen Studien Vorstände mit mindestens drei Frauen auf Vorstandsebene) in allen unternehmensrelevanten Bereichen nachhaltig bessere Ergebnisse erzielen.

Warum nicht? Der vermeintliche Vorteil ist abstrakter Natur, das gefühlte Unbehagen konkret. Die Studien und ihre Ergebnisse sind theoretisch, meine Kollegen real. Und jeder Vorstandsvorsitzende oder Partner einer Sozietät oder Beratung kann doch aus dem Stand eine Stunde darüber referieren, wie heterogen und somit divers seine oberste Führungsebene bereits ist! Da gibt es die Alten und die Jungen. Es gibt die Risikofreudigen und die Konservativen. Es gibt die People- und die Prozessmanager. Es gibt die Extro- und die eher Introvertierten. Es gibt die Generalisten und die Hölzchen-Stöckchen-Sammler – die Liste ließe sich beliebig fortsetzen. Und bei all den Unterschieden ist es doch sehr hilfreich, wenn wenigstens ein paar Merkmale gleich sind: männlich, weiß und (oftmals) aus gutem Haus.

Diversity als Idee funktioniert nicht, weil sie keinen Sex-Appeal hat! Ganz im Gegenteil: Sie verunsichert eher. Stattdessen greift der *Similiar to me*-Effekt: »Aus dem wird mal was. Der erinnert mich an mich, als ich so jung war.« Kein männlicher Vorstand hätte so etwas bei mir damals gedacht, wie auch! Alter Mann, junge Frau: Größer kann ein Unterschied kaum sein.

Im April 2018 zeigte eine Untersuchung der *New York Times* in den USA: »Der Prozentsatz von Frauen auf Chefposten der ›Fortune 500‹, also der 500 umsatzstärksten Unternehmen, ist ebenso hoch wie der Prozentsatz der Männer namens ›James‹«.

Im Februar 2019 veröffentlichte die *Süddeutsche Zeitung* eine Liste mit der Häufigkeit der Vornamen von Geschäftsführern im deutschen Handelsregister. Auf Platz 61 fand sich der erste weibliche Vorname: Katja. Die Namen Michael, Thomas, Andreas, Peter und Christian tauchten häufiger auf als alle Frauennamen zusammen.

Aktuell gibt es einen neuen Trend, maßgeblich aus den USA getrieben: *Diversity, Equity and Inclusion* – »Vielfalt, Gerechtigkeit und Einbindung«. Einen neuen starken Schwung erhielt dieses Thema durch die *Black Life Matters*-Bewegung. Das Thema an sich ist natürlich richtig und wichtig. Leider lässt sich feststellen, dass viele Organisationen diesen neuen Trend nutzen, um das Thema Geschlechtergerechtigkeit zu beerdigen. Eine simple Ausdrucksform dafür sind Stellenausschreibungen: Es wird nicht mehr »Ein/e Architekt/in« gesucht, sondern »Ein Architekt (m/w/d)« – wobei (m/w/d) für »männlich, weiblich, divers« steht. Übrigens immer in dieser Reihenfolge. Nun gibt es zahlreiche Studien, die belegen, dass der Hinweis »Gemeint sind auch Frauen« nichts bringt.[23, 24]

Das generische Maskulinum »Architekt« führt in unseren Köpfen nachweislich zu Bildern von Männern. Aber (m/w/d) gilt aktuell als politisch korrekt, dabei benachteiligt es massiv Frauen, und ich vermute, dass Personen, die sich keinem der beiden Geschlechter zuordnen, damit ebenfalls wenig geholfen ist. Warum wird nicht einfach »Architekt:in« geschrieben. Diese durch die Universitäten getriebene Schreibweise, die sich zunehmend auch bei den öffentlich-rechtlichen Sendern durchsetzt, erfüllt die Anforderungen an (m/w/d) und spricht eben auch Frauen an.

Damit sich Strukturen verändern, braucht es – nennen wir es mal – Ermunterung. Dass Island beim Thema Gleichberechtigung heute führend ist, fiel nicht vom Himmel. 1975 gab es einmal einen »Ruhetag der Frauen«, an dem Frauen nicht nur ihre bezahlte Arbeit, sondern auch die unbezahlte wie Kochen, Putzen, Kinderhüten, Altenpflege etc. konsequent nicht verrichteten und stattdessen demonstrierten – in sehr hoher Anzahl. Angeblich legten zehn Prozent der Gesamtbevölkerung ihre Arbeit nieder. Das wären hierzulande mal eben acht Millionen Frauen. Diese Aktion gilt bis heute als Auslöser vieler Verbesserungen für die isländischen Frauen in den Folgejahren.

In Deutschland gab es hingegen jahrelang Abwehrschlachten gegen eine Frauenquote für die Aufsichtsräte großer Unternehmen. Aufseiten der Europäischen Union kämpfte die Justiz-Kommissarin Viviane Reding mit großem Engagement für die Quote. In Deutschland setzte sich die Organisation FIDAR – Frauen in die Aufsichtsräte – lange dafür ein. 2015 wurde die Quote in Deutschland schließlich gesetzlich eingeführt: Unternehmen, die sowohl voll mitbestimmungspflichtig als auch börsennotiert sind, wurden dazu verpflichtet, ihre Aufsichtsräte mindestens zu 30 Prozent mit Frauen zu besetzen. Wie wir heute wissen, haben die Unternehmen den Wert mittlerweile »übererfüllt« und stehen (wider Erwarten) nicht vor dem wirtschaftlichen Ruin. Aufsichtsräte ohne gesetzliche Quote tun sich mit dem Thema noch immer schwer. Soeben wurde die Quote auch für Vorstände beschlossen. Wenn man den Hintergrundberichten glauben kann, wurde dies nur durch den persönlichen Einsatz der Kanzlerin möglich.

Der Frauenanteil an Professuren in der Wissenschaft stieg erst, nachdem Bund und Länder ab 2008 schlicht Gelder mit deren Förderung verknüpften. Zuvor war oft mit der »wissenschaftlichen Exzellenz« gegen Frauen argumentiert worden. Durch die Gelder wurde die wissenschaftliche Exzellenz der Frauen entdeckt. Der *Focus* schrieb im Januar 2020: »Deutschland ist einer der Top-Wissenschaftsstandorte weltweit und zählt zu den attraktivsten Ländern für ausländische Studierende und Wissenschaftler.« Es sieht also danach aus, dass ein höherer Frauenanteil an den Professuren der wissenschaftlichen Exzellenz keinesfalls geschadet hat.

Obwohl die Wissenschaft inzwischen unzählige Belege für die systematische Benachteiligung von Frauen aufzeigen kann, werden diese Argumente – auch in der Wissenschaft – nach wie vor zu ignorieren versucht. Und für den Abwehrkampf, an den bestehenden Strukturen irgendetwas zu ändern, werden oft junge Frauen eingesetzt und auf die Bühne gestellt. Sie sprechen sich dann gegen eine Geschlechterquote aus, da sie auf gar keinen Fall eine »Quotenfrau« sein, sondern ausschließlich für ihre Leistung anerkannt werden möchten. Im Bereich der deutschen Politik war dies 2020 formvollendet bei der CSU zu beobachten.

Es spricht doch aber nichts dagegen, als Quotenfrau Großes zu leisten! Nimm die Quote und lauf! Mehr Einfluss, mehr Gestaltungsmöglichkeit, mehr Gehalt, mehr Rente. Und mit mehr Frauen in Entscheidungsgremien gewinnen auch Themen an Gewicht, die für Frauen wichtig sind.

Manchmal sind es auch nur kleine Dinge, die Frauen ändern, die aber trotzdem große Signalwirkung in die Organisation hinein haben können. Eine meiner Coachees ist zum Beispiel die einzige Frau unterhalb des rein männlich besetzten Vorstands. In diesem Konzern galt immer, Führung sei nicht teilbar. Sie hat nun seit Längerem zwei Führungspositionen mit je zwei Frauen besetzt – und es läuft bestens.

Für Männer gab es immer eine Quote: 100 Prozent in den Bereichen, in denen sich Geld verdienen ließ. Sie wurde nur nicht »Quote« genannt, sondern war gesetzlich schlicht vorgeschrieben qua Geburtsrecht oder aber religiös verbrieft. Ich habe nie gehört, dass sich Männer mit dieser Quote schlecht gefühlt hätten, weil sie ja »nur ein Quotenmann« waren. Sollten Sie also eines Tages in den Genuss kommen, eine Quotenfrau zu sein, dann nehmen Sie dies ruhig dankend an.

Es ist ein großes Problem heutzutage, dass viele junge, ambitionierte und sehr gut ausgebildete Frauen oft nach kurzer Zeit im Job sehr desillusioniert und frustriert sind. Bain & Company veröffentlichte dazu bereits 2014 eine sehr beredte Studie[25].

Studienabgängerinnen und -abgänger in den USA wurden darin gefragt, ob sie sich später eine sehr verantwortungsvolle Aufgabe zutrauen und wünschen. Bei den jungen Frauen war die Quote derjenigen, die sich dies vorstellen konnten, deutlich höher als bei den jungen Männern. Zwei Jahre später wurden dieselben Proband:innen noch mal gefragt, diesmal mit Berufserfahrung. Ergebnis: Bei den Männern blieb die Quote konstant, bei den Frauen war sie von 43 Prozent auf 16 Prozent eingebrochen. Unter den Gründen nach dem »Warum« identifizierte Bain drei Hauptkriterien: mangelnde Wertschätzung, mangelnde Unterstützung und fehlende Rollenvorbilder aus Sicht der jungen Frauen. Und dann geben eben viele auf.

An alle jungen Frauen: Ja, die Welt ist immer noch sehr ungerecht. Vor allem für Frauen. Aber jede, die mithilft, weiter daran zu arbeiten, dass sich dies ändert, hilft nicht nur sich, sondern auch vielen anderen. Ich sage nur: Kamala Harris.

Change the system! Das geht vor allem, wenn möglichst viele Menschen aktiv daran mitarbeiten.

Unterstützen Sie andere Frauen

Madeleine Albright, die erste Außenministerin der USA, sagte einmal: »*There is a special place in hell for women who don't help other women.*« – »Es gibt einen besonderen Ort in der Hölle für Frauen, die anderen Frauen nicht helfen.«

Meine Erfahrung ist, dass Frauen in aller Regel genau dies tun: Sie helfen anderen Frauen – durch professionelle Unterstützung. Wenn mich Menschen fragen, ob sich in den letzten 15 Jahren etwas verändert hat, dann ist dies ein ganz entscheidender Punkt. Früher war es ranghohen Frauen so gut wie unmöglich, sich in ihrer Organisation offiziell für »Frauenthemen« einzusetzen. Warum?

Eine Führungskraft hat schließlich vor allem ihren Bereich erfolgreich zu leiten. Und vor 15 Jahren war sie vermutlich die einzige Frau auf ihrer Ebene. Der Vorstand über ihr alles Männer. Keine einfache Situation. Und wenn sie jetzt das Thema »Frauen« offiziell auf die

Agenda gesetzt hätte, hätte sie sich in diesem Umfeld sehr angreifbar gemacht. Denn schließlich sahen damals die wenigsten Organisationen einen Mehrwert darin, gut ausgebildete Frauen auch angemessen zu fördern und zu entlohnen. Oder gar die eigenen Strukturen dahingehend kritisch zu hinterfragen. Vor 15 Jahren waren es eher »heimliche« Unterstützungsaktionen. Erst wenn diese Frauen beruflich aus ihrer Sicht alles erreicht und nichts mehr zu befürchten hatten, haben sie die Themen auch offiziell benannt und vorangetrieben.

Als ich vor 15 Jahren Kaltakquise betrieb, rief ich Personalleiter an, um ihnen unser Angebot »sheboss – Führungsseminare von Frauen für Frauen« vorzustellen. Einige kamen aus dem Lachen gar nicht mehr heraus und erklärten unumwunden: »Frauen in der Führung? So etwas gibt es bei uns nicht.« Hier hat sich in den letzten Jahren tatsächlich etwas grundlegend verändert.

Zum Glück ist auch die Mär vom Zickenkrieg unter den Frauen am Aussterben. In der alten Bundesrepublik bin ich mit diesem Bild noch groß geworden und wurde auch am Anfang meines Arbeitslebens immer wieder damit konfrontiert. Aus meiner Sicht stammt dieses Bild aus einer Zeit, in der es für Frauen selten um eine berufliche Karriere ging, sondern eher um Chancen auf dem Heiratsmarkt. Daher ging es auch am Arbeitsplatz oft um das Erheischen männlicher Gunst, gern die von Ranghöheren. Das konnte dann natürlich zu einer ganz besonderen Art von Wettbewerb führen, der sich mit professioneller Zusammenarbeit und Zusammenhalt nicht immer deckte.

Wenn mir heute jemand sagt, dass es für Frauen leichter sei, mit Männern als mit Frauen zusammenzuarbeiten, dann denke ich nur, *bullshit*. Frauen können aufgrund ihrer Sachorientierung in aller Regel sehr gut und sehr effizient zusammenarbeiten. Und ranghohe Frauen in Organisationen sorgen so gut wie immer dafür, dass mehr Frauen sich ebenfalls entwickeln und weiter aufsteigen können. Natürlich gibt es Ausnahmen, die diese Regel bestätigen. Aber grundsätzlich gilt: Ranghohe Frauen setzen sich für andere Frauen wirksam ein.

Im Dezember des Jahres 2020 erhielt die Pariser Bürgermeisterin Anne Hidalgo einen Bußgeldbescheid über 90 000 Euro, da sie 2018 ausgeschriebene Führungspositionen zu 69 Prozent mit Frauen besetzt hatte.[26] Das ist nur logisch, wenn es denn in Summe mit der Gleichberechtigung vorangehen soll. Daher bezeichnete Hidalgo den Bußgeldbescheid auch als absurd.

Zu Beginn meiner Selbstständigkeit mit »sheboss« ging ich davon aus, dass meine Hauptgeschäftspartner Männer in den verantwortlichen Positionen von Organisationen sein würden. Aber schon nach kurzer Zeit stellte ich fest, dass es fast ausschließlich Frauen waren. Frauen, die sich ob ihrer Position dafür einsetzten, dass die Organisation, in der sie tätig waren, mehr für mehr Frauen in Führung tut.

Frauennetzwerke haben sich in den letzten 15 Jahren deutlich professionalisiert. Als es mit »sheboss« anfing, gab mir eine Kollegin den Tipp, meine Arbeit doch bei den größten Frauennetzwerken im Norden vorzustellen. Auf diese Idee wäre ich damals gar nicht gekommen, da ich von Frauennetzwerken damals gar keine Kenntnis hatte. Der Zufall wollte es, dass sich zu dieser Zeit die größten Frauennetzwerke im Hamburger Rathaus zu einer gemeinsamen Veranstaltung trafen. Und da ich die Idee einleuchtend fand, ging ich hin. Ehrlich: Es war zum Fremdschämen. Wenn man wie ich aus einem hochprofessionellen Kontext kam, dann nahm sich das Ganze eher wie eine Schulveranstaltung aus. Ich war wirklich schockiert. Da ich diesen Gedanken laut aussprach, erhielt ich daraufhin gleich einige Aufträge.

Bei dem nächsten Frauennetzwerk, das ich besuchte, hatte ich den Eindruck, dass die Teilnehmerinnen vor allem ihre Visitenkarten verteilen wollten. Das empfand ich ebenfalls als wenig hilfreich.

Aber wie gesagt: Mittlerweile habe ich diverse Frauennetzwerkveranstaltungen besucht, und seit einigen Jahren lässt sich sagen: Viele sind inzwischen sehr professionell organisiert und finden an Orten statt, an denen man viele spannende, einflussreiche Frauen treffen und kennenlernen kann.

Natürlich ist es wichtig, sich auch in den gemischten berufsbezogenen Netzwerken zu verdrahten. Das versteht sich von selbst. Aber Frauenorganisationen werden als Ergänzung zunehmend einflussreicher und somit hilfreicher.

Beim G20-Gipfel 2017 nutzte Angela Merkel ihre Position als Präsidentin des Gipfels, um dem Thema Gleichberechtigung in Form eines Women20-Treffens mehr Gewicht zu verleihen. Auch wenn sie nicht müde wurde zu betonen, dass dieses Thema einen langen Atem braucht…

Es gibt noch viel zu tun. Daher: Folgen Sie Madeleine Albright und helfen Sie anderen Frauen. Und sei es nur, indem Sie Organisationen unterstützen, die genau dies zum Ziel haben.

Wir müssen über Geld reden

Vor einiger Zeit las ich in einer Zeitung den Meinungsaustausch zum Thema Gleichberechtigung zwischen einer jungen Redakteurin und einem jungen Redakteur. Der Redakteur schrieb an einer Stelle den Satz (frei aus meiner Erinnerung zitiert): »Solange es für euch beim eigenen Gehalt maximal darum geht, finanziell unabhängig zu sein, ihr aber nicht antretet, um später einmal eine Familie ernähren zu können, so lange müsst ihr euch auch nicht wundern, wenn es nicht vorangeht.« Und ich dachte: Da trifft er einen Punkt.

Wir müssen also über Geld reden. Unser Gehalt ist wichtig. Denn Geld ist nicht nur Geld. Geld bedeutet eben Lebensstandard, Sicherheit, Unabhängigkeit, Gestaltungsmöglichkeit – und das nicht nur im Hier und Jetzt, sondern vor allem auch im Alter.

Nun ist es ein beliebter Ansatz, zu sagen, Frauen würden ihr Gehalt einfach zu schlecht verhandeln. Als ich den Personalleiter eines großen Medienhauses fragte, ob Männer und Frauen dort eigentlich systematisch gleich vergütet würden, lautete seine Antwort: »Also, wir haben da schon leichte Unterschiede festgestellt, aber wegen der zweihundert Euro monatlich gehen wir nicht an dieses Thema ran.«

Wow. 200 Euro monatlich entsprechen bei 35 Arbeitsjahren 84 000 Euro. Wenn wir das Inflationsziel des Euroraums von zwei Prozent als jährliche Gehaltssteigerung ansetzen, dann reden wir schon über 120 000 Euro. Aber wer geht schon für 120 000 Euro an das Thema ran. Sie, meine Damen, sollten es tun!

Frauen bekommen bei Verhandlungen auch immer noch weniger Gehalt angeboten. Diverse Studien belegen dies. Offiziell sind die meisten Frauen und Männer der Meinung, dass sie für gleiche oder gleichwertige Arbeit selbstverständlich auch gleich entlohnt werden sollten. Wenn dieselben Menschen dann allerdings konkret ein Preisschild an die Arbeitsleistung einer Frau hängen sollen, dann fällt der Preis der Frau geringer aus.[27, 28] Dass Frauenarbeit weniger wert ist, ist kulturell noch immer tief in unseren Köpfen verankert. Es drückt sich auch darin aus, dass »frauentypische« Berufe grundsätzlich geringer vergütet werden als »männertypische«.

Um besser zu verstehen, warum das so ist, muss man in der Historie zurückgehen. 1950 wurde in der Schweiz (natürlich von Männern) eine Grundlage zur Anforderungsermittlung und Arbeitsbewertung erarbeitet: das sogenannte Genfer Schema. Das, was die Frauen dieser Männer zu dieser Zeit leisteten, egal ob Ehefrauen, Schwestern, Cousinen, erhielt darin keinen Wert. Das Heben schwerer Lasten eines Maurers war finanziell zu berücksichtigen, das Heben schwerer Lasten einer Altenpflegerin nicht. Das Tragen schwerer Munitionskisten wurde höher bewertet als das fingerfertige Stopfen der Patronenhülsen durch Frauenhände. Die Verantwortung für Mitarbeiterinnen und Mitarbeiter in einem Unternehmen wurde finanziell vergütet, die Verantwortung für zu Pflegende nicht.

Nun könnte man denken, das ist ja schon 70 Jahre her, das kann doch heutzutage gar keine Rolle mehr spielen. Tut es aber. Das Genfer Schema wird in ausdifferenzierter Form auch heutzutage noch vielfach eingesetzt.

Dabei gibt es seit den Achtzigerjahren neue wissenschaftliche Modelle, die dieser geschlechtsspezifischen Benachteiligung der Arbeitsbewertung gezielt entgegenwirken. Die Antidiskriminierungsstelle des Bundes bietet mit »eg-check« zum Beispiel ein Instrument an, mit dem Organisationen ihre Entgelte auf Diskriminierungsfreiheit prüfen können. Aber das ist leider alles freiwillig.

Und so kommt es auch im 21. Jahrhundert noch zu Situationen wie dieser: »Was wollen Sie denn mit mehr Gehalt? Sie haben doch einen Mann, der gut verdient.« – Auf Sprüche dieser Art muss man in einigen

Organisationen tatsächlich noch gefasst sein, um nicht sprach- und fassungslos den Verhandlungsfaden zu verlieren.

Melden Sie deutlich vor der offiziellen Gehaltsrunde an, dass Sie über Ihr Gehalt sprechen möchten. Andernfalls ist es zu spät, sollte Ihre Führungskraft für Ihre berechtigte Forderung ein höheres Budget beantragen müssen. Bereiten Sie sich gut vor. Präsentieren Sie Erfolge in Form von Fakten und Zahlen. Gehen Sie nicht davon aus, dass Ihre Führungskraft spontan begeistert reagiert. Argumentieren Sie auch bei Ablehnung ruhig und bestimmt weiter, weshalb Sie davon ausgehen, dass Sie diese Erhöhung verdient haben.

Sollten Sie innerhalb der Organisation einen Positionswechsel anstreben und sich unsicher sein, was und in welchem Rahmen Sie verhandeln können, sprechen Sie vorher mit Kolleginnen und Kollegen darüber: »Sag mal, was verdient hier eigentlich ein Abteilungsleiter, und welche sonstigen Vorzüge sind mit der Position verknüpft?« Sie werden unterschiedliche Informationen erhalten, aus denen sich allerdings in aller Regel ein recht gutes Bild ableiten lässt.

Und wichtig: Auch in Teilzeit stehen Ihnen Sonderzulagen zu! Auch hier gibt es in vielen Organisationen immer noch eine systematische Benachteiligung.

Ich habe bereits die Shell-Studie zitiert, nach der aktuell 65 Prozent der jungen Frauen später »mal was in Teilzeit« anstreben. Der Verdacht liegt nahe, dass die wenigsten dieser Frauen dabei ein eigenes Gehalt im Kopf haben, von dem 50 oder 70 Prozent zur guten alleinigen Versorgung einer Familie reichen werden. Der junge Redakteur hat da wirklich einen wichtigen Punkt berührt: Frauen sollten ihr Gehalt deutlich ernster nehmen. Und wir sollten jungen Frauen den Gedanken vermitteln, mit ihrem Gehalt nicht nur sich, sondern auch weitere Menschen versorgen zu können.

Trauen Sie sich

Vor zwei Jahren war ich zu Gast bei einer renommierten Sozietät, die für die Kinder ihrer Anwältinnen und Anwälte im Erdgeschoss einen Kindergarten hatte. (Die anderen Mitarbeiterinnen und Mitarbeiter konnten sich die Plätze dort nach eigener Aussage allerdings nicht leisten…) Da die Sozietät keinen Balkon hatte, musste man zum Rauchen vor die Tür. Ich ging in den Innenhof, zu dem auch der Kindergarten gehörte. Natürlich habe ich in gebührendem Abstand geraucht. Und während ich so friedlich vor mich hin rauchte, ereignete sich folgende Szene:

Ein circa ein Meter großes Kind mit blauer Jacke nähert sich einer großen Tür, zieht diese – etwas mühsam – auf und geht in das Haus hinein. Eine Kindergärtnerin ruft: »Toll, Maximilian! Du bist ja stark!« Kurz darauf nähert sich ein weiteres circa ein Meter großes Kind mit rosa Jacke derselben Tür, und dieselbe Kindergärtnerin ruft, ehe das Kind die Tür auch nur erreicht hat: »Warte, Sophie, ich helfe dir!« – woraufhin das Kind stehen bleibt und auf die Hilfe der Kindergärtnerin wartet. Maximilian hatte soeben gelernt, wie toll es ist, stark zu sein, Sophie hatte gelernt, es gar nicht erst zu versuchen.

Ich warf meine Kippe in den Aschenbecher und musste an die Worte einer Freundin denken: »Marion, das wird nie etwas mit der Gleichberechtigung.« Und das im Jahr 2018.

Es ist immer wieder zu lesen und von Recruiterinnen und Recruitern zu hören, dass sich Frauen erheblich zögerlicher bewerben. Und dass sie, selbst wenn sie neun von zehn Treffern bei der Stellenausschreibung erzielen, sich beim Bewerbungsgespräch intensiv mit dem fehlenden zehnten Punkt aufhalten. Auch wenn es Ihnen in Ihrer Kindheit so ergangen sein sollte wie der kleinen Sophie im Kindergarten und Sie vielleicht zu wenig Ermutigung erfahren haben: Sollten Sie sieben von zehn Treffern haben – greifen Sie an! Spätestens! Man kann nie genug für die nächste Ebene. Woher sollte man es auch können? *Learning on the job.* Sie werden es schon schaffen.

Auch oft eine Chance: Die Besetzung einer Position, die, aus welchen Gründen auch immer, gerade niemand möchte. Barbra Streisand prägte in diesem Zusammenhang den wunderbaren Satz: »Auf vermintem Gelände sind alle Männer Gentlemen, nach dem Motto: *Ladies first.*« Auf einem vermeintlichen Schleudersitz besteht natürlich das Risiko, zu scheitern. Aber er birgt eben auch die Chance, erfolgreich zu sein. Wenn Sie eine Idee haben, wie Sie diesen Job machen können, greifen Sie zu.

Als ich nach meiner Krebserkrankung wieder im Konzern zu arbeiten begann, setzte man mich auf die »Güllegrube des Bereichs«. So bezeichnete eine Kollegin damals die Abteilung. Zuerst war ich stinksauer darüber, aber letztlich stellte sich diese Abteilung als großer Glücksfall für mich heraus, da ich dort wirklich gestalten und zudem viel lernen konnte.

Und selbst wenn Sie irgendwann einmal scheitern sollten, dann scheitern Sie wenigstens besser bezahlt auf höherem Niveau. Und sollte am Anfang alles nicht so einfach sein und das eine oder andere nicht optimal laufen – nehmen Sie es sich nicht so zu Herzen. Das sagt sich natürlich leicht. Da ich weiß, dass viele Frauen zum Grübeln und Hadern neigen, wenn mal etwas nicht so gut gelaufen ist, möchte ich Ihnen meinen persönlichen »Erleuchtungssatz« zu dieser Thematik mit auf den Weg geben.

Der Satz stammt von Altkanzler Gerhard Schröder. Als Kanzler und SPD-Spitzenkandidat hatte er seine letzte Bundestagswahl verloren. Nach den ersten Prognosen und Hochrechnungen fand dann im Fernsehen die sogenannte Elefantenrunde statt, bei der die Parteispitzen die ersten Wahlergebnisse kommentieren. Schröder saß in dieser Runde und verkündete lautstark und mit hochrotem Kopf, dass an ihm als Kanzler in Deutschland nichts vorbeiginge. Wir saßen alle fassungslos vor dem Fernseher, riefen uns gegenseitig an und fragten uns: »Hat er Drogen genommen?«, »Haben sie ihm die falschen Zahlen gegeben?« Es war das einzige Thema an diesem Abend: Gerhard Schröders Benehmen in dieser Runde.

Und jetzt stellen Sie sich doch für eine Sekunde vor, Sie hätten sich so benommen. Live! Deutsches Fernsehen! Halb Deutschland hat zugeschaut! Wie wären Sie am nächsten Tag aus der Tür gegangen? Vermutlich gar nicht. Und wenn, dann mit einem Sack über dem Kopf.

Zwei Tage später wurde Schröder von Journalisten angesprochen auf seinen denkwürdigen Fernsehauftritt. Und was erwiderte er? »Doris hat gesagt, das war suboptimal.« Suboptimal! Also nur messerscharf am Ziel vorbei! Und nicht *er* musste über diesen Auftritt nachdenken: Nein, seine Ehefrau!

Seitdem kann ich gut schlafen. Wenn mal etwas nicht so gut gelaufen ist, dann denke ich natürlich kurz darüber nach, ob und wie ich es beim nächsten Mal etwas besser machen kann. Aber dann lächle ich mir zu, sage mir »Doris hat gesagt, das war suboptimal...« und denke: »Heiter weiter.«

In diesem Sinne wünsche ich allen Leser:innen die manchmal notwendige heitere Gelassenheit und viel Erfolg!

Have fun storming the castle!

Nachwort

»Frau Knaths: Ich kann das alles nachvollziehen, was Sie gesagt haben, und erlebe vieles von dem, was Sie geschildert haben, auch mehr oder weniger täglich hier. Aber den wichtigsten Kampf habe ich doch an ganz anderer Stelle gewonnen!« – So die Äußerung eines Bereichsleiters am Ende meines Vortrags vor Top-Führungskräften. Ich frage ihn: »Was meinen Sie damit?« – »Na, der entscheidende Kampf war doch, dass wir zu Hause bei der ersten Schwangerschaft meiner Frau gemeinsam entschieden haben, dass sie in Teilzeit geht und nicht ich. Nur so war doch meine Karriere möglich.« – »Vermutlich war Ihrer Frau gar nicht bewusst, dass es sich um einen Kampf gehandelt hat, oder?« – »Das kann sein. Aber entscheidend ist doch, dass ich diesen Kampf gewonnen habe.«

Wenn zwei Menschen ungefähr gleiche Fertigkeiten und Fähigkeiten besitzen, dann gewinnt in aller Regel der- oder diejenige den Wettstreit, der oder die unbedingt gewinnen will. Und wenn einer oder eine der beiden noch nicht einmal weiß, dass es sich um einen Wettstreit handelt, dann erst recht.

Vielleicht haben sich einige von Ihnen schon gewundert, warum das Thema Kinder in diesem Buch kaum eine Rolle gespielt hat: weil es in meinen Coachings keine Rolle spielt. Ich coache Geschäftsfrauen. Manche sind Mütter, manche nicht. Aber in den Coachings geht es um die Rolle als Führungskraft in einer Organisation und nicht um die Rolle als Mutter in einer Organisation.

Die Soziologin Jutta Allmendinger schrieb während der Corona-Zeit: »Wir erleben eine entsetzliche Retraditionalisierung. Die Aufgabenverteilung zwischen Männern und Frauen ist wie in alten Zeiten, eine Rolle zurück.«[29] Bei mir kamen sofort zwei Gedanken auf. Erstens: Wann genau war es denn schon einmal besser? Und zweitens: Ich vermute, das Gegenteil wird der Fall sein. Die Corona-Zeit macht vielen deutlich, wie weit Wunsch und Realität noch auseinanderklaffen, wenn es um das Thema Chancengleichheit und Gleichberechtigung geht. Die Corona-Zeit kann auch als Weckruf verstanden werden. Und ich vermute, dass Jutta Allmendinger genau dies mit ihrer Aussage bezweckte.

Im Herbst 2020 vermeldete das Institut der Deutschen Wirtschaft (IW), dass für unter Dreijährige rund 342 000 öffentlich geförderte Betreuungsplätze in Kindertagesstätten und bei Tagespflegepersonen fehlen.[30]

Und das, obwohl erst Kinder ab einem Jahr einen Anspruch auf einen Kitaplatz haben. Beschlossen wurde der Anspruch im September 2008, in Kraft trat er am 1. August 2013, und 2020 gibt es noch immer diese Lücke zwischen Anspruch und Wirklichkeit.

Die *Frankfurter Allgemeine Zeitung* titelte dazu im Januar 2020: »Wer Kitaplätze will, sollte Frauen wählen.« In dem Artikel wurde ein Diskussionspapier des Münchner Leibniz-Instituts für Wirtschaftsforschung (ifo) vorgestellt, unter anderem mit der Aussage: »Setzte sich bei Kommunalwahlen eine Frau im direkten Duell gegen einen männlichen Kandidaten durch, stiegen die Ausgaben der Gemeinden für die Kinderbetreuung um 40 Prozent schneller als in anderen Kommunen.«[31] Wenn man bedenkt, dass über 90 Prozent der Bürgermeister männlich sind, erklärt sich vielleicht der äußerst schleppende Ausbau von Kitaplätzen in den deutschen Kommunen. Und die mangelnden Betreuungsmöglichkeiten für Kinder sind für Frauen wiederum ein Grund, zu Hause zu bleiben und sich kommunalpolitisch nicht engagieren zu wollen... Übrigens wurde in dem Diskussionspapier des ifo-Instituts ausdrücklich darauf hingewiesen, dass die Ergebnisse in keinem Zusammenhang mit der Parteizugehörigkeit der Frauen standen.

Wie stark die Gesellschaft die ganz persönliche, individuelle Entscheidung beeinflusst, ob und wann ich Kinder haben möchte und wie ich mein Leben als

Frau mit Kindern gestalten möchte, wurde mir erst 2005 so richtig bewusst. Zuvor waren mir nur Zahlen bekannt – zum Beispiel Zahlen darüber, dass Französinnen mit der Geburt des ersten Kindes zu einem sehr hohen Anteil voll erwerbstätig bleiben, während deutsche Frauen mit der Geburt des ersten Kindes zu einem hohen Anteil in Teilzeit gehen.

2005 lag die deutsche Wiedervereinigung schon 15 Jahre zurück. Wenn ich in den westlichen Bundesländern Frauen in Führung trainierte, waren diese meist Mitte dreißig, hatten keine oder noch sehr kleine Kinder oder nutzten das Training als Anregung in ihrer Babypause. Wenn ich Frauen in Führung in den östlichen Bundesländern trainierte, hatten diese dasselbe Alter – nur hatten so gut wie alle zwei Kinder im Alter zwischen 16 und 18. Und fast alle hatten stets Vollzeit gearbeitet. Dieser Unterschied war wirklich bemerkenswert.

Selbstverständlich hat die Gesellschaft, in der wir leben, einen enormen Einfluss auf unsere individuellen Entscheidungen! Deswegen ist es eben auch so wichtig, dass mehr Frauen einen größeren Einfluss auf die Gesellschaft nehmen. Dann finden sich vielleicht irgendwann Lösungen, die dazu führen, dass auch Sorgearbeit nicht in Altersarmut mündet.

Natürlich ist die Geschlechterhierarchie in den verschiedenen Kulturen unterschiedlich stark ausgeprägt. In Skandinavien erfahren Frauen mehr Gleichberechtigung als in Deutschland, in Deutschland sind Frauen wiederum besser gestellt als in Korea.

Eine koreanische W3-Professorin mit Lehrstuhl in Deutschland erzählte mir unlängst, wie unwohl sie sich mehrfach auf Symposien gefühlt hatte, wenn auch koreanische Wissenschaftler zugegen waren und sie in ihrer Muttersprache ansprachen. Ihre Muttersprache setzt sie als Frau immer in einen niedrigeren Rang, auch wenn ihr Gesprächspartner nur einen Doktortitel und keine Professur hat. Sie hat dann für sich entschieden, im wissenschaftlichen Kontext kein Koreanisch mehr zu sprechen. Seitdem fühlt sie sich deutlich wohler.

Zwischen Skandinavien, Deutschland und Korea gibt es natürlich viele Abstufungen, und Korea bildet keinesfalls das Schlusslicht. Aber die Frage »Wer darf was?«, die auch den Kern dieses Buches bildet, ist überall gleich. Wir müssen uns immer wieder bewusst machen, dass das professionelle, öffentliche Leben anders funktioniert als das private. Das Verstehen und Beherrschen der Spielregeln der hierarchischen Kommunikation ist dabei wichtig, damit wir mehr Einfluss auf diese Spielregeln nehmen können.

Ich bin ein Zahlenmensch. Zahlen helfen. Und wenn ich mir die Zahlen zum Thema Gleichberechtigung anschaue, dann ist klar, dass ich diese nicht mehr erleben werde. Nicht in Deutschland und schon gar nicht weltweit. Aber ich freue mich über jede einzelne Frau, der ich mit meiner Arbeit helfe, ihren beruflichen Aufstieg gelassener und erfolgreicher meistern zu können. Und ich freue mich über jede und jeden, die oder der daran mitwirkt, dass Artikel 3 Absatz 2 unseres Grundgesetzes – »Männer und Frauen sind gleichberechtigt« – irgendwann Realität wird und der Zusatz »Der Staat fördert die tatsächliche Durchsetzung der Gleichberechtigung von Frauen und Männern und wirkt auf die Beseitigung bestehender Nachteile hin« entfallen kann.

Anmerkungen

1. Marion Knaths, *Spiele mit der Macht. Wie Frauen sich durchsetzen*, Hamburg 2007/München 2009
2. Dietmar Hobler u. a., »Stand der Gleichstellung von Frauen und Männern in Deutschland«, Witschafts- und Sozialwissenschaftliches Institut (wsi), Report Nr. 56, Februar 2020, https://www.boeckler.de/pdf/p_wsi_report_56_2020.pdf
3. Shell Jugendstudie 2019, Zusammenfassung, 15. Oktober 2019, https://www.shell.de/ueber-uns/shell-jugendstudie/_jcr_content/par/toptasks.stream/1570708341213/4a002dff58a7a9540cb9e83ee0a37a0ed8a0fd55/shell-youth-study-summary-2019-de.pdf
4. Caroline Criado-Perez, *Unsichtbare Frauen*, München 2020
5. Katharina Wrohlich und Claire Samtleben, »Elterngeld und Elterngeld Plus: Gleichmäßige Aufteilung zwischen Müttern und Vätern nach wie vor in weiter Ferne«, DIW Berlin, 28. August 2019, https://www.diw.de/de/diw_01.c.673478.de/elterngeld_und_elterngeld_p...wie_vor_in_weiter_ferne.html

6   ZDF-Studie, »Männer wünschen sich mehr Elternzeit«, 26. November 2019, https://www.zdf.de/nachrichten/heute/deutschland-studie-zdf-studieelternzeit-100.html

7   Marta Murray-Close und Misty L. Heggeness, »Manning up and womaning down: How husbands and wives report their earnings when she earns more«, United States Census Bureau, 6. Juni 2018, https://www.census.gov/library/working-papers/2018/demo/SEHSD-WP2018–20.html

8   I. M. Latu u. a., »Successful female leaders empower women's behavior in leadership tasks«, *Journal of Experimental Social Psychology* 2013, S. 444–448

9   Bundesministerium für Familie Senioren, Frauen und Jugend, »Gender Care Gap – ein Indikator für die Gleichstellung«, 27. August 2019, https://www.bmfsfj.de/bmfsfj/themen/gleichstellung/gender-care-gap/indikator-fuer-die-gleichstellung/gender-care-gap---ein-indikator-fuer-die-gleichstellung/137294

10 Dietmar Hobler u. a., »Stand der Gleichstellung von Frauen und Männern in Deutschland«, Wirtschafts- und Sozialwissenschaftliches Institut (wsi), Report Nr. 56, Februar 2020, https://www.boeckler.de/pdf/p_wsi_report_56_2020.pdf

11 Eva Neuland und Peter Schoblinski, *Handbuch Sprache in sozialen Gruppen*, Berlin/Boston 2017

12 Peter Modler, *Das Arroganz-Prinzip. So haben Frauen mehr Erfolg im Beruf*, Frankfurt 2011

13 Patrick Bernau, »Deshalb frieren Frauen im Büro«, FAZ.NET, 4. August 2015, https://www.faz.net/aktuell/wirtschaft/wirtschaftswissen/deshalb-frieren-frauen-im-buero-eine-studie-13733835.html

14 Marion Knaths, *Vom Krebs gebissen*, Hamburg 2006

15 »Neuers feine Geste«, Merkur.de, 27.3.2013
16 Audun Farbrot, »Personality for Leadership: Women better suited for leadership than men, research demonstrates«, BI Norwegian Business School 2014
17 Maria De Paola, Francesca Gioia und Vincenzo Scoppa, »Teamwork, Leadership and Gender«, Institute of Labor Economics (IZA) 2018
18 Rhea E. Steinpreis, Katie A. Anders und Dawn Ritzke, »The impact of gender on the review of the curricula vitae of job applicants and tenure candidates: A national empirical study«, American Psychological Association 1999, https://psycnet.apa.org/record/2000-15031-002
19 Dorothea Kübler und Angelika Ivanov, »Personaler bewerten Frauen im Schnitt eine Note schlechter«, *Wirtschaftswoche Online*, 11. Februar 2019, https://www.wiwo.de/erfolg/jobsuche/studie-personaler-bewerten-frauen-im-schnitt-eine-note-schlechter/23910292.html
20 Eric Luis Uhlmann und Geoffrey L. Cohen, »Constructed Criteria – Redefining Merit to Justify Discrimination«, *Psychological Science* 6, 16, Yale University 2005
21 Heribert Prantl, »Warum Frauen so selten geeignet sind«, *Süddeutsche Zeitung Online*, 8. Juli 2014, https://www.sueddeutsche.de/karriere/oeffentlicher-dienst-warum-frauen-so-selten-geeignet-sind-1.2036202
22 Terri Simpkin, »Mixed feelings: how to deal with emotions at work«, Totaljobs, 8. Januar 2020, https://www.totaljobs.com/advice/emotions-at-work
23 Dagmar Stahlberg und Sabine Sczesny, »Effekte des generischen Maskulinums und alternativer Sprachformen auf den gedanklichen Einbezug von Frauen«, *Psychologische Rundschau* 52,3/2001, S. 131–140

24 Pascal Gygax u. a., »Generically intended, but specifically interpreted: When beauticians, musicians and mechanics are all men«, Language, Cognition and Neuroscience 23, 3–4/2008

25 Julie Coffman und Bill Neuenfeldt, »Everyday Moments of Truth: Frontline Managers Are Key to Women's Career Aspirations«, 17. Juni 2014, https://www.bain.com/insights/everyday-moments-of-truth/

26 »Zu viele Frauen in Führungspositionen: Paris muss Bußgeld zahlen«, Stern, 16. Dezember 2020, https://www.stern.de/panorama/weltgeschehen/frankreich--paris-muss-bussgeld-wegen-zu-hoher-frauenquote-zahlen--9535934.html

27 Katrin Auspurg, Thomas Hinz und Carsten Sauer, »Why Should Women Get Less? Evidence on the Gender Pay Gap from Multifactorial Survey Experiments«, *American Sociological Review*, 17. Januar 2017, https://journals.sagepub.com/doi/full/10.1177/0003122416683393

28 Renée Adams u. a., »Im Auge des Betrachters? Auch der Kunstbetrieb benachteiligt Frauen finanziell«, idw – Informationsdienst Wissenschaft, 8. März 2018, https://idw-online.de/de/news?print=1&id=690534

29 Jutta Allmendinger, »Der lange Weg aus der Krise«, Wissenschaftszentrum Berlin für Sozialforschung, 13. Mai 2020, https://wzb.eu/de/forschung/corona-und-die-folgen/corona-studie-zeigt-die-realitaet-unter-dem-brennglas

30 »Kitaplätze: Anspruch und Wirklichkeit«, Der Informationsdienst des Instituts der deutschen Wirtschaft (iwd), 12. Oktober 2020, https://www.iwd.de/artikel/kitaplaetze-anspruch-und-wirklichkeit-486545/

31 Maja Brankovic, »Wer Kita-Plätze will, sollte Frauen wählen«, FAZ.NET, 28. Januar 2020, https://www.faz.net/aktuell/wirtschaft/kinderbetreuung-politikerinnen-geben-mehr-geld-fuer-kitas-aus-16603392.html

Dank

Ich danke meiner wunderbaren Lektorin Kathrin Liedtke, mit der ich jetzt zum dritten Mal ein Buch schreiben durfte. Und mit der die Zusammenarbeit wie immer war: produktiv, heiter und jederzeit hochprofessionell.

Literatur

Adams, Renée u. a., »Im Auge des Betrachters? Auch der Kunstbetrieb benachteiligt Frauen finanziell«, idw – Informationsdienst Wissenschaft, 8. März 2018, https://idw-online.de/de/news?print=1&id=690534

Allmendinger, Jutta, »Der lange Weg aus der Krise«, Wissenschaftszentrum Berlin für Sozialforschung, 13. Mai 2020, https://wzb.eu/de/forschung/corona-und-die-folgen/corona-studie-zeigt-die-realitaet-unter-dem-brennglas

Auspurg, Katrin, Hinz, Thomas und Sauer, Carsten, »Why Should Women Get Less? Evidence on the Gender Pay Gap from Multifactorial Survey Experiments«, *American Sociological Review*, 17. Januar 2017, https://journals.sagepub.com/doi/full/10.1177/0003122416683393

Bernau, Patrick, »Deshalb frieren Frauen im Büro«, FAZ.NET, 4. August 2015, https://www.faz.net/

aktuell/wirtschaft/wirtschaftswissen/deshalb-frieren-frauen-im-buero-eine-studie-13733835.html

Brankovic, Maja, »Wer Kita-Plätze will, sollte Frauen wählen«, FAZ.NET, 28. Januar 2020, https://www.faz.net/aktuell/wirtschaft/kinderbetreuung-politikerinnen-geben-mehr-geld-fuer-kitas-aus-16603392.html

Bundesministerium für Familie Senioren, Frauen und Jugend, »Gender Care Gap – ein Indikator für die Gleichstellung«, 27. August 2019, https://www.bmfsfj.de/bmfsfj/themen/gleichstellung/gender-care-gap/indikator-fuer-die-gleichstellung/gender-care-gap---ein-indikator-fuer-die-gleichstellung/137294

Coffman, Julie und Neuenfeldt, Bill, »Everyday Moments of Truth: Frontline Managers Are Key to Women's Career Aspirations«, 17. Juni 2014, https://www.bain.com/insights/everyday-moments-of-truth/

Criado-Perez, Caroline, *Unsichtbare Frauen*, München 2020

Farbrot, Audun, »Personality for Leadership: Women better suited for leadership than men, research demonstrates«, BI Norwegian Business School 2014

Gygax, Pascal u. a., »Generically intended, but specifically interpreted: When beauticians, musicians and mechanics are all men«, *Language, Cognition and Neuroscience* 23, 3–4/2008

Haug, Kristin, »Wir müssen draußen bleiben«, *Spiegel Online*, 8. Juni 2018, https://www.spiegel.de/lebenundlernen/job/kita-krise-in-deutschland-warum-fehlen-so-viele-plaetze-a-1211083.html

Hobler, Dietmar u. a., »Stand der Gleichstellung von Frauen und Männern in Deutschland«, Wirtschafts- und Sozialwissenschaftliches Institut (wsi), Report Nr. 56, Februar 2020, https://www.boeckler.de/pdf/p_wsi_report_56_2020.pdf

Knaths, Marion, *Spiele mit der Macht. Wie Frauen sich durchsetzen*, Hamburg 2007/München 2009

Kübler, Dorothea und Ivanov, Angelika, »Personaler bewerten Frauen im Schnitt eine Note schlechter«, *Wirtschaftswoche Online*, 11. Februar 2019, https://www.wiwo.de/erfolg/jobsuche/studie-personaler-bewerten-frauen-im-schnitt-eine-note-schlechter/23910292.html

Latu, I. M. u. a., »Successful female leaders empower women's behavior in leadership tasks«, *Journal of Experimental Social Psychology* 2013, S. 444–448

Modler, Peter, *Das Arroganz-Prinzip. So haben Frauen mehr Erfolg im Beruf*, Frankfurt 2011

Murray-Close, Marta und Heggeness, Misty L., »Manning up and womaning down: How husbands and wives report their earnings when she earns more«, United States Census Bureau, 6. Juni 2018, https://www.census.gov/library/working-papers/2018/demo/SEHSD-WP2018–20.html

Neuland, Eva und Schoblinski, Peter, *Handbuch Sprache in sozialen Gruppen*, Berlin/Boston 2017

Paola, Maria De, Gioia, Francesca und Scoppa, Vincenzo, »Teamwork, Leadership and Gender«, Institute of Labor Economics (IZA) 2018

Prantl, Heribert, »Warum Frauen so selten geeignet sind«, *Süddeutsche Zeitung Online*, 8. Juli 2014, https://www.sueddeutsche.de/karriere/oeffentlicher-dienst-warum-frauen-so-selten-geeignet-sind-1.2036202

Shell Jugendstudie 2019, Zusammenfassung, 15. Oktober 2019, https://www.shell.de/ueber-uns/shell-jugendstudie/_jcr_content/par/toptasks.stream/1570708341213/4a002dff58a7a9540cb9e83ee0a37a0ed8a0fd55/shell-youth-study-summary-2019-de.pdf

Simpkin, Terri, »Mixed feelings: how to deal with emotions at work«, Totaljobs, 8. Januar 2020, https://www.totaljobs.com/advice/emotions-at-work

Stahlberg, Dagmar und Sczesny, Sabine, »Effekte des generischen Maskulinums und alternativer Sprachformen auf den gedanklichen Einbezug von Frauen«, *Psychologische Rundschau* 52, 3/2001, S. 131–140

Steinpreis, Rhea E., Anders, Katie A. und Ritzke,

Dawn, »The impact of gender on the review of the curricula vitae of job applicants and tenure candidates: A national empirical study«, American Psychological Association 1999, https://psycnet.apa.org/record/2000-15031-002

Stern, »Zu viele Frauen in Führungspositionen: Paris muss Bußgeld zahlen, 16. Dezember 2020«, https://www.stern.de/panorama/weltgeschehen/frankreich--paris-muss-bussgeld-wegen-zu-hoher-frauenquote-zahlen--9535934.html

Uhlmann, Eric Luis und Cohen, Geoffrey L., »Constructed Criteria – Redefining Merit to Justify Discrimination«, *Psychological Science* 6, 16, Yale University 2005

Wrohlich, Katharina und Samtleben, Claire, »Elterngeld und Elterngeld Plus: Gleichmäßige Aufteilung zwischen Müttern und Vätern nach wie vor in weiter Ferne«, DIW Berlin, 28. August 2019, https://www.diw.de/de/diw_01.c.673478.de/elterngeld_und_elterngeld_p...wie_vor_in_weiter_ferne.html

ZDF-Studie, »Männer wünschen sich mehr Elternzeit«, 26. November 2019, https://www.zdf.de/nachrichten/heute/deutschland-studie-zdf-studie-elternzeit-100.html

Bleiben Sie gelassen und gehen Sie den Aufstieg sportlich an!

Marion Knaths
Spiele mit der Macht
Wie Frauen sich durchsetzen

Piper Taschenbuch, 128 Seiten
€ 10,00 [D], € 10,30 [A]*
ISBN 978-3-492-25250-8

»Ich habe es zweimal gesagt. Meinst du, einer hätte zugehört? Und zwei Minuten später sagt Kollege Schröder das Gleiche, und alle sagen: Klasse, Schröder!«

Welche Frau kennt nicht diese oder ähnliche Situationen? Marion Knaths verrät, was Sie tun müssen, damit Ihnen künftig alle zuhören, und sie zeigt, wie Sie als Frau beim Spiel mit der Macht am besten mitspielen.

Leseproben, E-Books und mehr unter www.piper.de